U0271207

峡江水利枢纽工程鱼道（一）

峡江水利枢纽工程鱼道（二）

峡江水利枢纽工程水轮机导水机构

峡江水利枢纽工程水轮机转子

峡江水利枢纽库区抬田工程水稻试验示范区

峡江水利枢纽库区抬田工程实施效果

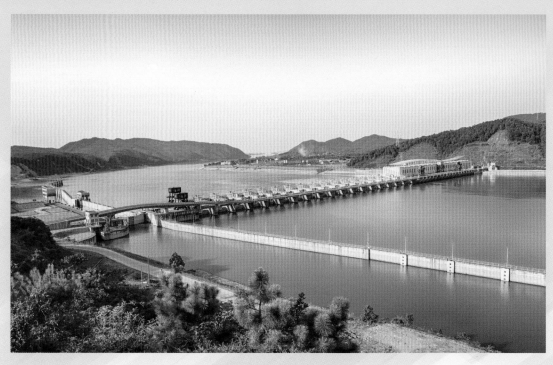

峡江水利枢纽工程全景

峡江水利枢纽库区防护工程——新开同南河工程

峡江水利枢纽工程
关键技术研究与应用

主　编：张建华　江　凌
副主编：刘芸华　李春华　邓　彪　胡永林

中国水利水电出版社
www.waterpub.com.cn
·北京·

内 容 提 要

本书为江西省水利规划设计研究院组织编写的"峡江水利枢纽工程系列专著"之一，是对峡江水利枢纽工程关键技术研究与应用的总结。全书共9章，包括：绪论，水库调度运用方案研究，库区抬田工程关键技术研究与应用，水力机械关键技术研究与试验，厂房温度应力仿真与温控措施研究、泄水闸弧形工作闸门数值分析、水力学、流激振动模型试验研究，泄水闸深层抗滑稳定分析及加固措施研究，同赣隔堤三维渗流控制研究，鱼道布置研究。

本书可供水利水电工程设计和施工的相关技术人员借鉴，也可供大专院校相关专业师生参考。

图书在版编目（CIP）数据

峡江水利枢纽工程关键技术研究与应用 / 张建华，
江凌主编. -- 北京 ：中国水利水电出版社，2018.4
ISBN 978-7-5170-6373-5

Ⅰ. ①峡… Ⅱ. ①张… ②江… Ⅲ. ①峡江－水利枢
纽－水利工程－工程技术－研究－江西 Ⅳ. ①TV632.56

中国版本图书馆CIP数据核字(2018)第061023号

书　名	**峡江水利枢纽工程关键技术研究与应用** XIA JIANG SHUILI SHUNIU GONGCHENG GUANJIAN JISHU YANJIU YU YINGYONG
作　者	主编 张建华　江凌　副主编 刘芸华　李春华　邓彪　胡永林
出版发行	中国水利水电出版社 （北京市海淀区玉渊潭南路 1 号 D 座　100038） 网址：www. waterpub. com. cn E - mail：sales@waterpub. com. cn 电话：（010）68367658（营销中心）
经　售	北京科水图书销售中心（零售） 电话：（010）88383994、63202643、68545874 全国各地新华书店和相关出版物销售网点
排　版	中国水利水电出版社微机排版中心
印　刷	北京瑞斯通印务发展有限公司
规　格	184mm×260mm　16 开本　10.75 印张　255 千字　2 插页
版　次	2018 年 4 月第 1 版　2018 年 4 月第 1 次印刷
印　数	0001—1000 册
定　价	**70.00 元**

《峡江水利枢纽工程关键技术研究与应用》
编 撰 人 员 名 单

主　编　张建华　江　凌
副主编　刘芸华　李春华　邓　彪　胡永林

主 要 撰 稿 人

章　　名	主要撰稿人
绪论	张建华　詹寿根
第1章　水库调度运用方案研究	詹寿根　胡苑成　段曹斌　陈　鋆
第2章　库区抬田工程关键技术研究与应用	李春华　张建华　刘　波　蔡方昕 熊　君　陈　卫　胡荣金
第3章　水力机械关键技术研究与试验	刘润根　陈　华　熊少辉 曾庆志　刘　翔
第4章　厂房温度应力仿真与温控措施研究	邓　彪　刘芸华　廖冬芽　张　冬
第5章　泄水闸弧形工作闸门数值分析、水力学、流激振动模型试验研究	饶英定　徐　强
第6章　泄水闸深层抗滑稳定分析及加固措施研究	刘芸华　廖冬芽　刘文标　胡永林 王义兴　李荐华
第7章　同赣隔堤三维渗流控制研究	李春华　刘　波　翟泽冰 杨平荣　陈　卫
第8章　鱼道布置研究	邹晓勇　万小明　廖冬芽　黄立章 张子林　龚　新

赣江是江西省最大河流、长江第七大支流，先秦时期称扬汉（杨汉）、汉代称湖汉，古代赣亦称"灨"。赣江位于长江中下游南岸，源出赣闽边界武夷山西麓，自南向北纵贯江西全省，从河源至赣州为上游，称贡水；在赣州市城西纳章水后始称赣江。自河源至吴城全长 766km，外洲水文站以上流域面积 80948km²，自然落差 937m，多年平均流量为 2130m³/s，水能理论蕴藏量为 3600MW。峡江水利枢纽工程是有 172 项节水供水措施的重大水利工程，是一座具有防洪、发电、航运、灌溉等综合效益的大（1）型水利枢纽工程。

工程位于赣江中游峡江县老县城巴邱镇上游约 6km 处，处赣江中游河段，20 世纪 80 年代批复的《江西省赣江流域规划报告》中将该工程列为近期开发项目。由于建设条件复杂、技术难度大、淹没耕地人口多，江西省水利规划设计研究院（以下简称"江西院"）为实现工程任务目标，前期论证长达 30 余年。进入 21 世纪后，江西院全面主持峡江水利枢纽工程设计工作，经过长期艰苦的规划设计和广泛深入研究论证，直到 2008 年基本确定工程采取"小水下闸蓄水兴利调节径流，中水分级降低水位运行减少库区淹没，大水控制泄量为下游防洪，特大洪水开闸敞泄洪水以保闸坝运行安全"的水库动态调度运行方式，结合工程开挖弃渣堆放抬田约 2.4 万亩以保护耕地资源、并总结编制《水利枢纽库区抬田工程技术规范》（DB36/T 853—2015），采用超大直径贯流式机组集成设计及稳定运行控制技术，采用全二次冷却系统对电站发电机机组和机组轴承进行冷却，设计鱼道让鱼类顺利洄游，结合文物保护进行库区防护工程设计等。江西院与国内许多一流科研院所的专家一道解决了工程设计、建设过程中一系列工程技术难题，并付诸实践。

2009 年 9 月工程奠基建设，2013 年 7 月工程首台机组并网发电，2015 年 7 月工程基本建成完工。峡江水利枢纽工程建成是江西水利界大事，2017 年 12 月工程进行了竣工验收技术鉴定并顺利通过竣工验收。竣工验收技术鉴定专家组强调："特别是对灯泡贯流机组、抬田、鱼道、外观打造和船闸基础处理等技术亮点，要好好提炼，形成可推广、可复制的经验。"竣工验收委员会认为：峡江水利枢纽工程已按设计和批复要求完成，实现了进度提前、质量优良、投资可控、安全生产无事故、移民与工程建设同步的建设目标，同意峡江水利枢纽工程通过竣工验收。验收委员会指出，工程开工以来，建设者们始终高标准、高质量、高水平建设目标，周密组织，精心施工，科学管理，打造出很多工程技术亮点，为我国大型水利工程建设提供了"峡江方案"和"峡江经验"。

截至 2017 年年底，峡江水利枢纽分别于 2015 年、2016 年和 2017 年，对 12 次中等洪水进行了拦蓄，较好地发挥了水库蓄、滞洪水的作用；累计发电量超过 30 亿 kW·h；发挥了通航效益；鱼道运行效果好，鱼道运行期间日均过坝数千尾鱼。工程试运行以来，防洪、发电等综合效益显著，社会效益与经济效益兼济，为当地经济社会发展提供了坚实的水利支撑和保障。

历经 30 余年，江西院几代工程技术人员栉风沐雨、坚持不懈、攻坚克难，绘就宏伟蓝图，"天开玉峡新，人和枢纽惊。"借改革开放东风，江西院践行治水新理念，引进先进技术，不断消化、吸收与创新，进一步发展水库动态调度技术，总结提出了库区大规模抬田设计参数及超大直径贯流式机组集成设计及稳定运行控制技术等，峡江水利枢纽工程关键技术研究和工程实践的一系列创新成果，可供国内同类工程建设借鉴。

为总结峡江水利枢纽工程建设技术创新和相关研究成果，丰富水利水电工程知识宝库，江西院组织项目组技术人员编写了"峡江水利枢纽工程系列专著"，包括《峡江水利枢纽工程设计与实践》《峡江水利枢纽工程关键技术研究与应用》和《峡江水利枢纽工程经验总结与体会》。该系列专著既包括现代水利水电工程设计的基础理论、设计方案论证内容，也包含新时代治水思路下工程设计应采用的新思路、新技术和新方法，系列专著各书自成体系，资料数据丰富翔实，充分展现了工程建设过程中的技术研究成果和工程实践效果，具有较重要的参考借鉴价值。

是为序。

江西省水利厅党委书记、厅长

2018 年 1 月

江西省峡江水利枢纽工程位于赣江中游峡江县老县城巴邱镇上游约 6km 处，是一座具有防洪、发电、航运、灌溉等综合效益的大（1）型水利枢纽工程，也是赣江干流梯级开发的骨干工程以及江西省大江大河治理的关键性工程。工程勘测设计单位——江西省水利规划设计研究院（以下简称"江西院"），2003 年起开展峡江水利枢纽工程前期设计工作，国务院于 2008 年批准立项，2009 年工程奠基，2015 年 7 月工程基本建成，2017 年 12 月 24 日工程竣工验收。江西院在峡江水利枢纽工程规划、勘测、设计中遇到了一系列技术难题，针对这些工程建设中的技术难题，江西院组织技术攻关，为工程设计提供了支持。

水库工程调度：赣江流域纬度跨度大，洪水地区组成复杂，本工程位于赣江中游干流河段的下段，库区河道平缓、地势开阔，水库淹没损失及影响大。工程为下游防洪时，水库须拦蓄洪水控制下泄流量；为减少库区淹没损失，则应降低库区的沿程水位，即降低坝前水位运行。为了保护肥沃的土地（耕地）资源，除了对人口密集、耕地集中、有地形条件的区域采取筑堤防护或抬田防护等工程措施外，还须研究和优化水库的洪水调度运行方式。

库区抬田工程设计：为最大程度保护耕地资源，解决库区移民故土难离的情结，节约工程建设投资，减少工程弃土对环境的影响，满足农田保水保肥要求，保障作物的正常生长发育，尽快地恢复或超过原有农业生产水平，江西院对抬田结构、工艺等进行了技术研究、现场实验并付诸大规模实施，抬田面积约 2.4 万亩，取得了显著经济效益、生态效益、社会效益，为我国大型水利工程建设提供了"峡江方案"和"峡江经验"。

过鱼设施：工程位于赣江中游，为保护鱼类资源、恢复河流生物多样性，需对峡江过鱼系统深入研究，从工程对鱼类的影响、鱼类保护、工程布置方案、鱼道结构及设计参数确定、诱鱼系统、补水系统、监测系统、运行管理及过鱼效果等方面进行研究。鱼道监测显示过鱼种类主要包含鳜、大眼鳜、银鲴、鳊鱼、黄颡鱼等，鱼道过鱼数量基数比较大，过鱼效果比较好。过鱼效果表明，峡江鱼道监测系统国内先进，设计合理，过鱼鱼道将工程建设对鱼类资源的不利影响程度降至最低。

低水头大流量机组选型：峡江水电站选定方案为单机容量 40MW，转轮直径 7.8m，额定流量 524.8m³/s，目前是国内已运行的转轮直径最大的灯泡贯流机组（该方案所选定的水轮机转轮直径为当时世界最大的贯流式机组方案）。大型灯泡贯流式机组是开发低水头水力资源的首选技术，为了保证峡江水电站水轮发电机组整体结构的安全性，江西院进行了大量计算，包括对重要部件进行有限元分析；针对水轮机主要目标参数选择及水力设计、模型转轮的开发及验收、机组主要结构设计等关键技术的研究、实践；转轮采用缸动式双支点结构，转轮室叶片转角范围内采用整体不锈钢板模压，并对筋板进行加强；主轴密封采用了可靠的盘根径向密封；导水机构采用弹簧连杆结构、单作用接力器，在重锤重力作用下关机，保证机组的安全性。首台机组于 2013 年 9 月 1 日启动试运行，后续机组均一次投运成功。截至 2017 年年底，已累计发电超过 30 亿 kW·h，9 台机组运行一切正常，标志着峡江电站机组从模型参数的确定、转轮的开发等各环节取得了巨大成功，主要技术指标达到了世界先进水平。

为总结江西省峡江水利枢纽工程规划设计方面经验和教训，丰富水利水电工程建设宝库，并为水利水电规划设计人员提供参考，江西院组织编写了"峡江水利枢纽工程系列专著"，包括《峡江水利枢纽工程设计与实践》《峡江水利枢纽工程关键技术研究与应用》和《峡江水利枢纽工程经验总结与体会》。

本书是系列专著之一，是对峡江水利枢纽工程关键技术研究与应用的总结，主要由江西院从事该工程设计的相关人员参加编写。全书共 9 章，包括：绪论，水库调度运用方案研究，库区抬田工程关键技术研究与应用，水力机械关键技术研究与试验，厂房温度应力仿真与温控措施研究，泄水闸弧形工作闸门数值分析、水力学、流激振动模型试验研究，泄水闸深层抗滑稳定分析及加固措施研究，同赣隔堤三维渗流控制研究，鱼道布置研究。

本书引用了大量的峡江水利枢纽工程设计研究成果和相关研究文献资料。在此，向江西省峡江水利枢纽建设总指挥部以及指导、关心与参与研究的单位、专家和学者表示衷心的感谢！

限于编者水平，书中难免有不妥之处，敬请同仁和读者们批评指正。

编　者

2018 年 1 月

目 录

绪　论

峡江水利枢纽工程位于赣江中游峡江县老县城（巴邱镇）上游峡谷河段，距巴邱镇约6km，是一座以防洪、发电、航运为主，兼顾灌溉等综合利用的大（1）型水利枢纽工程。该工程是赣江干流梯级开发的骨干工程，也是江西省大江大河治理的关键性工程。枢纽主要建筑物有泄水闸、挡水坝、河床式电站厂房、船闸、左右岸灌溉进水闸及鱼道等。

峡江水利枢纽工程坝址控制流域面积 62710km²，多年平均流量为 1640m³/s；多年平均年悬移质输沙量为 563.4 万 t，推移质输沙量为 30.8 万 t；水库总库容为 11.87 亿 m³，防洪库容为 6.0 亿 m³，调节库容为 2.14 亿 m³；水电站总装机容量为 360MW，多年平均年发电量为 11.44 亿 kW·h；船闸设计年货运量为 1491 亿 t，改善航道里程（Ⅲ级航道）77km，过船吨位为 1000t；设计总灌溉面积为 32.95 万亩❶。

大坝为混凝土闸坝，坝顶全长 845m，顶高程为 51.20m，最大坝高为 44.9m。枢纽布置沿轴线从左至右依次为：左岸挡水坝段（包括左岸灌溉总进水闸，长 102.5m），船闸（长 47.0m），门库坝段（长 26.0m），泄水闸坝段（18 孔，总长 358m），厂房坝段（长 274.3m，其中安装间长 62.5m），右岸挡水坝段（长 99.7m，包括右岸灌溉总进水闸、鱼道）。

为减少库区淹没与移民，库区设有同江河、吉水县城、上下陇洲、柘塘、金滩、樟山和槎滩共 7 个防护区，以及沙坊、八都、桑园、水田、槎滩、金滩、南岸、醪桥、乌江、水南背（抬地）、葛山、砖门、吉州区、禾水、潭西等 15 片防护区外的抬田工程。7 个防护区分布于赣江两岸以及同江、文石河等下游两岸，根据防护区的不同，保护对象采用不同的洪水设计标准分别进行防护，建立各自相对独立的防洪保护圈。七个防护区共保护耕地 5.35 万亩、人口 8.28 万人、房屋 466.3 万 m²。其中，同江防护区保护耕地面积 3.16 万亩、人口 4.48 万人、房屋面积 246 万 m²，为防护效益最大的保护区；防护区布置有同赣堤、同北导托渠、同南河、阜田堤、万福堤、同江河出口泵站、麻塘抬田、同江河抬田等工程。

0.1　重大技术问题

根据厂坝枢纽工程和库区防护及抬田工程所在地气象水文、地形地质等特点，工程设计、施工中面临重大技术问题包括下列几方面：

（1）水库调度运用方案优化的问题。水库调度运用优化不仅关系到兴利，而且关系到防灾。特别是峡江水利枢纽工程库区防护范围大、影响大，水库调度运用方案优化问题显

---

❶　1 亩≈667m²。

得更加突出。

（2）库区抬田工程设计参数优化问题。通过抬田方式，对浅淹没区进行田面抬高，可有效地解决库区耕地淹没问题，同时有效地保护可种植土地资源。但大面积实施抬田工程既无标准也无实践经验，因此迫切需要开展研究，确定耕作层、保水层厚度等相关参数。

（3）大型灯泡贯流式水轮发电机组设计参数优化问题。峡江水利枢纽工程发电水头低，大型灯泡贯流式机组是优选方案，但如何在总结类似已建工程的基础上，对机组进行优化，提高运行效率，这是峡江水利枢纽工程建设中的关键技术之一。

（4）电站厂房大体积混凝土温度应力及其控制问题。主厂房尺寸为 211.8m×30.0m×56.90m（长×宽×高），体积大，温控问题较为突出。

（5）泄洪弧形工作闸门刚度、强度问题。峡江水利枢纽工程泄洪闸弧形工作闸门体形尺寸大，接近超大形弧形闸门。闸门启闭及运行过程中闸下水流条件复杂，闸门常处于门底泄流所形成的水流旋滚冲击的作用之下。闸门启闭及局部开启运行条件下的水流动力荷载以及水流脉动引起的闸门振动将直接影响闸门的安全运行。

（6）泄水闸闸墩段深层抗滑稳定问题。峡江水利枢纽工程泄水闸工程地质条件复杂。初步分析表明，部分闸孔的闸墩深层抗滑稳定性不能满足规范要求，迫切需要进行深入分析，并提出合理可行的加固方案。

（7）同江防护区渗流控制问题。峡江水库区为低山丘陵地貌，库周地下水分水岭高于水库正常蓄水位，在防渗工程到位之后一般不产生永久性渗透问题。在峡江枢纽工程投入正常运行的条件下，地下水环境因上游库水位的抬高将可能产生改变；拟建防护堤基本位于一级阶地前缘或高漫滩，局部地段堤基上部黏土层缺失，圩堤直接坐落在砂壤土和细砂层上，易产生堤基渗透或渗透变形等问题。

（8）赣江中游是"四大家鱼"繁殖地，为保护鱼类资源、保持河流生物多样性，需对峡江过鱼系统进行深入研究，从工程对鱼类的影响、鱼类保护、工程布置方案、鱼道结构及设计参数确定、诱鱼系统、补水系统、监测系统、运行管理及过鱼效果等方面开展研究。

0.2　重大技术研究与应用

0.2.1　水库调度运用方案

（1）防洪调度运用方案。峡江坝址流量不小于 5000m³/s 或吉安站流量不小于4730m³/s 时，峡江水利枢纽按照防洪调度运行方式调度，即峡江水利枢纽工程进入洪水调度运行方式。峡江水利枢纽工程洪水调度运行方式又分降低坝前水位运行方式、拦蓄洪水为下游防洪运行方式和敞泄洪水运行方式。

峡江水利枢纽工程的防洪调度依据预报的各控制断面洪水过程并结合坝前水位进行。其中，水库预泄降低坝前水位运行时还需对坝前水位进行动态控制，以达到不增加库区的淹没损失且基本上不增加坝址下游沿江两岸堤防防洪负担的目的。

1）降低坝前水位运行方式。当峡江坝址来水流量为 5000～20000m³/s（中水）时，峡江水利枢纽采取降低坝前水位方式运行并对坝前水位进行动态控制的洪水调度运行方式进行调度。

2) 拦蓄洪水为下游防洪运行方式。当峡江水库水位低于防洪高水位 49.00m、坝址来水流量为 20000～26600m³/s（大水）时，峡江水库进入拦蓄洪水为下游防洪运行方式。

3) 敞泄洪水运行方式。当峡江水库水位达到防洪高水位 49.00m、坝址来水流量超过 26600m³/s（特大洪水），且洪水继续上涨时，开启全部泄水闸敞泄洪水，以保闸坝安全度汛，但应控制其下泄流量不大于本次洪水的洪峰流量。

（2）兴利调度运用方案。当峡江坝址流量小于 5000m³/s 或吉安站流量小于 4730m³/s（小水）时，峡江水利枢纽坝前水位控制在 46.00～44.00m 之间运行。为满足各防护区内的农田灌溉要求，尽可能使库水位维持在较高水位上运行；尤其是在每年的 4—10 月农田灌溉用水高峰期，坝前水位至少维持在 45.30m 及以上。考虑坝址下游的用水要求，最小下泄流量不小于 221m³/s。

（3）船闸运行调度方案。依据相关规范要求，船闸的通航流量范围确定为 221～19700m³/s，依据 1953—2013 年共 61 年的峡江站流量的统计分析成果，将峡江船闸的通航流量范围调整为 221～17400m³/s。当峡江水利枢纽工程坝址流量为 221～17400m³/s，且坝前水位在 42.70～46.00m 之间、坝下水位在 30.30～44.10m 之间时，峡江船闸按船只过往闸坝的需要正常通航。但船闸引航道左岸冲沟流量（横流）较大时，峡江船闸停止通航。

0.2.2 库区抬田工程关键技术

（1）试验研究表明：耕作层厚度为 15cm，保水层厚度（犁底层与防渗层）为 40cm，压实度为 0.9，渗透系数小于 1.79×10^{-6} cm/s，耕作层土壤为淹没区剥离的表层土（厚度为 20～30cm），保水层材料为 Q_2 或 Q_4 黏土；垫高层材料可就近取材，风化料和沙石料均可。从抬田适宜性和经济性角度考虑，可作为峡江水利枢纽抬田工程多元地基结构设计优选模式。

（2）通过 3 年的双季稻种植试验，定期监测保水层土壤的容重、孔隙度、渗透系数。其监测数据统计分析结果显示：三组数据的变异系数均小于 0.3，可以认为数据分布较为平稳，波动不大；从而得出：经过人工夯实后，保水层土壤压实度标准达到 0.9，峡江水利枢纽蓄水后，保水层土壤结构性能的稳定性不会因地下水位升高而受到影响。

（3）地下水位埋深控制为 0.5m 的试验处理。水稻叶面积指数与同期比较，均高于其他地下水位控制试验小区。叶面积指数越大，光合作用效率越强，稻株的叶生物量积累越多，产量则越高。作物水分生产率低于其他地下水位埋深控制试验小区，这证明在项目区田间灌溉工程状况得到改善的情况下，水资源能够得到很好的利用。单位水量的作物产出率较高，有利于提高项目区农业生产水平，有助于项目区节水灌溉与高效农业的发展。因此，水库正常蓄水位设计为 46.00m、抬田高程设计为 46.50m 是可行的。

（4）通过定点追踪调查抬田示范区与未抬田对照区耕作层土壤的养分指标显示：抬田示范区水稻耕作层的有机质、全氮、碱解氮、有效磷、速效钾含量指标前三年大部分比未抬田对照区低，表明水稻土壤耕作层受到抬田影响，土壤养分含量在一定程度上有所降低，水稻生长所需土壤养分含量在一定程度上受到破坏。但是，抬田水稻耕作层的有机质、全氮和碱解氮含量均比未抬田对照区低，供应强度（碱解氮占全氮的百分数）却大于未抬田试验对照区，表现出供应容量大，供应强度小的现象。采取秸秆还田配合化肥施用，可以有效地增加土壤有机质含量，同时，也能调节土壤中全氮和碱解氮的含量，起到培肥土壤的作用。

（5）抬田区水稻种植可采用间歇灌溉制度，具有一定的节水增产效果。田间水层控制标准如下：返青期 10～40cm，分蘖前期 0～30cm 干 3 天，分蘖后期 30～0cm 晒田 7 天，孕穗期 0～30cm 干 3 天，抽穗开花期 10～30cm 干 2 天，乳熟期 0～30cm 干 3 天，黄熟期 30～0cm 后期落干。施肥比例采用基（种）肥：分蘖肥：拔节孕穗肥＝5：3：2，同时，配合种植绿肥红花草和秸秆还田农艺措施，其产量更高。其中，在当地施肥水平下，间歇灌溉处理较淹水灌溉处理增产效果比较显著，早稻产量增加 60.07kg/亩，增产率为 7.36％；晚稻产量增加 47.32kg/亩，增产率为 5.67％。在灌溉标准相同情况下，采用基（种）肥：分蘖肥：拔节孕穗肥＝5：2：3 的施肥处理后，早稻增产 39.68kg/亩，增产率为 4.86％；晚稻增产 22.7kg/亩，增产率为 2.72％。采取农艺措施改良土壤的试验处理较未进行农艺措施改良土壤的试验处理，早稻产量增加 8.21kg/亩，增产率为 1.95％；晚稻产量增加 13.18kg/亩，增产率为 3.07％。

通过峡江水利枢纽库区工程抬田研究与实践，江西院与峡江水利枢纽管理局联合编制了江西省地方标准《水利枢纽库区抬田工程技术规范》（DB36/T 853—2015）。

0.2.3　水轮发电机组技术开发

江西省峡江水利枢纽工程水电站安装有阿尔斯通公司供货的 5 台 40MW 灯泡贯流式水轮发电机组，其转轮直径达到 7.8m，为目前国内尺寸最大的贯流机组之一。大型灯泡贯流式机组是开发低水头水力资源的首选技术，在总结以往电站设计制造运行反馈的基础上，对峡江机组进行了优化，以保证机组长期安全稳定运行。

为了保证机组整体结构安全性，进行了大量的计算，包括对重要部件进行有限元分析。转轮采用缸动式双支点结构，转轮室叶片转角范围内采用整体不锈钢板模压，并对筋板进行加强。主轴密封采用了可靠的盘根径向密封。导水机构采用弹簧连杆结构，单作用接力器，在重锤重力作用下关机，保证机组的安全性。

根据多年积累的成功经验和在科研开发上坚持不懈的努力，凭借先进的计算手段、成熟的设计分析方法和高精度的设备投入，阿尔斯通公司始终保持着在贯流式机组的设计、制造、安装等方面的领先地位。峡江机组从总体设计到各部套结构都进行了详细的功能比较分析，并且结合工厂的制造能力、现场状况、运输条件对结构进行了优化可行设计。对整体部件刚强度、稳定性进行了分析计算，从而保证了峡江机组具有高性能和机组安全稳定运行。

2013 年 9 月，峡江机组投入了商业运行。纵观运行情况，机组出力、振动、摆度、发导和正、反推力轴承瓦温、铁芯、定子绕组和转子磁极线圈温度都满足合同要求，机组性能优良，业主满意。峡江水利枢纽工程机组为国内外大型灯泡贯流式机组的设计、生产和运行提供了很多宝贵经验。

0.2.4　厂房温度应力仿真与温控措施研究

峡江水电站厂房每个坝段顺河向长度值超过 90m，远大于其宽度值，大部分情况下不采取工程措施难以满足温控防裂要求。采用顺河向分块浇筑辅以简单温控措施是行之有效的方法，各浇筑块长度须依据厂房坝段温度场应力场全过程仿真分析成果并结合现场实际情况确定。峡江水电站厂房坝段温度控制标准一般情况下要严格按照规范规定执行，当其基岩变形模量不超过 5GPa，远小于混凝土变形模量时，温控标准与规范规定相比，可适当放宽，具体情况须依据厂房坝段温度场应力场全过程仿真分析成果确定。

峡江水电站厂房主厂房坝段采用分块、分层浇筑方案，先浇筑Ⅰ块、Ⅲ块、Ⅳ块，后浇筑Ⅱ块（在实际施工中，Ⅱ块部位需进行水轮机安装的有关工作）。经计算研究，厂房浇筑方案对总体施工进度影响小。厂房坝段流道周边采用预留宽槽方法进行分块浇筑时，宽槽两侧设有止水措施。实践表明，当后浇筑的Ⅱ块安排在低温季节浇筑并且混凝土浇筑温度控制在 26℃时，辅之以表面养护及表面保温措施，厂房大体积混凝土浇筑满足温控防裂要求。

0.2.5 泄洪弧形工作闸门静、动力学特性研究

1. 静力计算分析结论

(1) 静力计算过程中支铰处连接铰轴的约束处理与实际情况相差较大。计算结果表明：y 向位移偏大，最大值为 186.4mm，出现在校核工况支铰处；x 向为横河向，在正常挡水工况下，x 向的位移较其他两个方向大（支铰和支臂 y 向除外），最大位移为 38.33mm，发生在校核工况闸门结构面板中部；z 向位移均较小，z 向最大位移为 5.417mm，发生在校核工况面板与中间主横梁与面板交接处的靠右岸处，方向指向 z 轴的负向（竖直向下）。起吊工况下，吊杆与闸门存在一定的夹角，z 向的约束不足，在水压力的作用下，闸门结构有绕支铰逆时针转动的趋势。

(2) 支铰连接轴的约束处理与实际情况相差较大，导致支铰、支臂以及和支臂连接处的纵梁结构等的变形较大，相应的结构呈现局部应力集中。在正常挡水工况下，纵梁结构在水压力作用下，正应力较大的值主要出现在纵梁腹板（228.08MPa）以及纵梁筋板底部（216.83MPa），同样在主横梁的腹板处，也出现 302.23MPa 的应力，支臂结构出现 216.16MPa 与 195.12MPa 的较大应力。相同的部位在校核工况下也出现很大的应力。该处的应力值不应该作为校核闸门安全的应力数据。

(3) Q345 钢的容许切应力 130MPa，挡水工况下的最大切应力为 84.432MPa，出现在校核水位面板下部偏右处，并未超出材料的容许切应力。起吊工况下的最大切应力为 104.03MPa，出现在闸门底部近右岸处，也在 Q345 钢的容许切应力范围之内。

2. 自振特性分析

(1) 在考虑流固耦合的情况下，自振频率较不考虑流固耦合效应均有所降低。峡江水闸自振基频受流固耦合效应的影响较小，仅降低了 1.89%，这可能是由于第一阶的振动主要表现为横河向的振动（与水体相切）的缘故。起吊工况基频振动表现为绕支铰铰轴的转动，也是与水体相切的振动，流固耦合效应对起吊工况基频的影响也较小。对于较高阶的自振频率，流固耦合影响较大，频率最高降低 66.06%。

(2) 挡水工况闸门第一阶的振动主要表现为横河向的振动，第二阶和第三阶振动分别表现为闸门整体结构的扭动和支臂的振动。起吊工况闸门第一阶的振动主要表现为绕支铰铰轴的转动振动，第二阶和第三阶表现为整个闸门结构的扭动。流固耦合效应对闸门的振

型有一定的影响，挡水工况考虑流固耦合效应第二阶和第三阶主要表现为支臂上以上闸门结构顺河向的振动。

3．脉动压力频谱分析

各个测点脉动压力数据的偏态系数都接近于0，脉动压力基本上是以均值为界对称分布的。对各典型工况的功率谱曲线图进行分析可以看出，脉动压力的优势频率主要集中在4～12Hz，而闸门在挡水工况考虑流固耦合效用闸门基频自振频率为1.872Hz；结构基频与脉动压力优势频率错开度较大，不会产生共振。结构第二阶到第十阶自振频率落在脉动水压力优势频率内。在脉动水压力的激励下，结构可能发生共振，但是高阶频率对结构的动响应贡献较小，即使与激励频率接近，结构的动响应一般也不会很大，不会产生危害性破坏。

4．闸门结构动力分析

（1）闸门结构在脉动压力的作用下，闸门支臂结构的支撑作用突出，闸门位移较大处出现在支臂至上闸门结构。x方向最大位移为28.118mm，y方向与z方向最大位移为12.353mm和9.637mm，均较小。闸门结构刚度满足要求。

（2）在脉动压力作用下，水闸各个构件的应力主要以平面应力为主，弯曲应力与平面应力相比小很多。平面应力的最大值为190.970MPa，表现为x方向平面正应力，最大的总应力值为190.983MPa，小于Q345钢的抗压抗拉抗弯容许应力210MPa；最大平面剪应力为50.645MPa，总剪应力最大值为50.663MPa，其值均小于Q345钢的容许抗剪应力130MPa。闸门结构强度满足要求。

（3）应用最大拉应力理论对支铰结构进行强度验证。第一主应力最大值为53.51MPa，出现在工况18（上游挡水47m，下游挡水33m，闸门开启高度6.3m）。小于材料ZG310-570的屈服强度310MPa。支铰结构强度满足要求。

0.2.6 泄水闸闸墩段深层抗滑稳定及加固研究主要结论与建议

泄水闸闸址因处向斜核部，受构造挤压，岩层次级舒缓状褶皱发育，岩层层间错动强烈。据基坑开挖揭露，层间剪切错动带极发育，剪切带岩体片理化显著，主要发育于C_1z^4、C_1z^2岩组，基本沿第二岩组（C_1z^2）的变余炭质粉砂岩中的炭质绢云千枚岩薄夹层，第四岩组（C_1z^4）的砂质绢云千枚岩与炭质绢云千枚岩接触面发生层间剪切错动，错动带一般厚度为2～50mm，少数为5cm以上，带中充填物主要为夹泥的片理化岩屑，部分错动面有不连续泥膜。据施工地质勘察和现场原位抗剪试验，11～18号闸段层间软弱夹层（剪切错动带）抗剪强度低，倾角缓，可能成为控制上述闸段滑移的深层滑裂面。经河床基坑开挖揭露，11～18号闸段闸室地基存在缓倾角层间软弱夹层，成为控制闸基稳定的重要边界，有可能导致泄水闸深层滑动失稳，必须对其进行分析研究，并提出合理可行的加固处理方案，以确保工程安全。

针对本工程闸基深层滑动破坏模式的多样性和复杂性，为全面、合理评价其抗滑稳定安全性，对于多滑面采用萨尔玛（Sarma）法以及非线性有限元分析两种方法进行计算复核。经计算复核采取以下工程措施：13～15号闸墩段第一块护坦加厚、锚筋加粗加深、增设固结灌浆，与闸室底板联成整体；16号闸墩段闸室底板增设锚筋桩，第一块护坦锚筋加粗加深。11～12 号闸墩段第一块护坦加厚、增设锚筋桩、增设固结灌浆，护坦之间的填缝泡沫塑料板取消。

0.2.7 同赣隔堤三维渗流控制研究

同江防护区保护耕地面积 3.16 万亩、人口 4.48 万人、房屋面积 246 万 m^2，是峡江水利枢纽工程最大防护区。同赣堤堤线位于赣江支流同江河出口的赣江左岸，沿滩地布置，南起杨家塘村，经水南村东、同江河口、菜园村止于同江村北侧山地，堤线全长 3.703km。设计土堤顶高程 49.50m，堤顶设防浪墙，防浪墙顶高程为 50.20m，堤顶超高 1.5m，堤顶宽度 6m，外坡 1：3，内坡 1：2.5，内、外坡在 46.50m 高程设马道。堤基采用液压抓斗、射水法造混凝土防渗墙及帷幕灌浆防渗，最大防渗墙深度超过 70m，防渗效果好坏涉及防护区内耕地浸没影响以及排涝规模，同赣隔堤渗流研究至关重要。

计算研究表明，在赣江最高洪水位 49.30m 和正常水位 46.00m 的水位组合情况下，采取拟定的防渗布置，同赣隔堤的堤身堤基水头势均得到较好控制。堤身上游新填黏土将起着防渗斜墙的作用，其中的渗流水头势基本接近于赣江水位，水头势为 48～49m，但是，其下右侧壤土及砂壤土中的渗透压力迅速降低。同赣隔堤以内的同江防护区区域，在抽排控制水位 40.00m 时，防护区广大区域地下水位均能控制在 40.00～40.50m 以下，垂直防渗体发挥出显著效果。在垂直防渗体下游侧，以 1+080 附近的堤段内侧基础透水性大，地下水最易抽排，相应的渗透压力小些。堤基总渗流量约为 5727m^3/d。

（1）各典型剖面的渗流梯度分布表明：①防渗墙的渗流梯度总体在 12～16，满足抗渗稳定性要求；②防渗帷幕的渗流梯度总体平均小于 6，局部最大达到 9～13，主要出现在与防渗墙连接部位；③新填覆盖黏土的渗流梯度局部达到 6～7，主要出现在防渗墙顶部附近区域，对防渗墙顶部构造作适当断面扩大，以增大与新填黏土的接触面积延长渗径，则抗渗稳定性满足要求；新填黏土的平均渗流梯度约 3～4，依一般黏土的抗渗性类比，能够满足渗透稳定控制；④浅部覆盖层的渗流梯度分布显示，无黏土及砂壤土体的渗流梯度值普遍小于 0.05，砾质土的渗流梯度多小于 0.15，局部最大值约 1.8～2.8。

（2）对同赣隔堤基础深槽部位的防渗墙深度进行比较，当防渗墙底高程从 -28.00m 抬高至 -23.00m 时，同江防护区内的地下水位稍有升高，水位抬高 0.3～0.5m；当防渗墙底高程抬高至 -20.00m 时，由于防渗墙未完全拦截中强透水覆盖层，渗流场分布充分显示出防渗墙下游侧水头分布的急剧变化。同赣隔堤内坡脚至同江防护区的 250m 范围，将引起地下水位的迅速升高，地下水位达 40.50～41.50m，地下水位相对于初拟控制的 40.00m 抬高值达 1.0～1.5m。因此，防渗墙应封闭覆盖层的中强透水层至 -23.00m 及以下。

（3）通过堤基覆盖层土体的渗流梯度分析比较，结合堤基的渗透稳定性，建议同赣隔堤基础深槽部位的防渗墙布置，以深入弱透水层的深度不小于 3～5m 为好。

0.2.8 鱼道布置研究

过鱼设施是一个涉及水利、生态、生物、环境、地理、水文等众多学科的系统工程，一个成功的过鱼设施在取得良好的过鱼效果的同时必然也取得了工程综合效益。过鱼设施主要为鱼道、仿自然通道、升鱼机、集运鱼设施和鱼闸。针对本工程水头、地形地貌、过鱼对象等因素，采用鱼道过鱼设施。在设计中重点研究如何能够在较短的距离达到稳定且满足鱼类需求的流速和流态。

本工程主要过鱼对象为"四大家鱼"（青鱼、草鱼、鲢鱼、鳙鱼）及赤眼鳟和鳡鱼，因此过鱼设施内部设计流速应根据"四大家鱼"的临界流速（持续速度上限值）确定。经研究，鱼道隔板过鱼孔设计流速为 0.7～1.2m/s，这样的流速可以满足"四大家鱼"的上溯需求。通过在鱼道底部适当加糙，降低底部流速至 0.7～1.1m/s，使一些体形较小或游泳能力相对较弱的鱼类可以通过。同时，鱼道设计过程针对过鱼对象进行诱鱼、监测等研究。

鱼道监测系统 2016 年 9 月投入运行。自 9 月 10 日至 10 月 23 日，监测到的过鱼种类主要包含鳜、大眼鳜、银鲴、鳊鱼、黄颡鱼等 13 种鱼。鱼道游入游出鱼数共计 55090 尾，其中：9 月共计 40298 尾，10 月共计 14792 尾，按日计算每日过鱼数量为 1252 尾。游出数量 32115 尾：小鱼（鱼长 20cm 以下）15217 尾，中鱼（鱼长 20～50cm）15649 尾，大鱼（鱼长 50cm 以上）1249 尾；游入鱼数共计 22975 尾：小鱼 12616 尾，中鱼 9733 尾，大鱼 626 尾。鱼道过鱼数量基数比较大，过鱼效果比较好。过鱼效果表明，峡江鱼道监测系统设计先进合理，通过鱼道将工程建设对鱼类资源的不利影响降至最低。

第1章 水库调度运用方案研究

1.1 概　　述

1.1.1 调度运行方式研究内容

峡江水库的调度运行方式分洪水调度运行方式和蓄水兴利（发电、航运、灌溉）调度运行方式。其蓄水兴利调度运行方式相对较简单，在此主要研究峡江水库洪水调度的调度运行方式。

峡江水利枢纽工程位于赣江中游干流河段下端，库区河道平缓、地势开阔，水库淹没损失及影响大。为了保护肥沃的土地（耕地）资源，同时降低库区的淹没处理投资，除了对人口密集、耕地集中、有地形条件的区域采取筑堤防护或抬田防护等工程措施外，还须研究和优化水库的洪水调度运行方式。赣江流域纬度跨度大，洪水地区组成复杂，峡江水库须研究特定的控泄流量判断条件和各种来水条件下水库下泄流量的大小，经合理调度才能达到其防洪目标。

工程为下游防洪时，水库须拦蓄洪水控制下泄流量；欲减少库区淹没损失，应降低库区的沿程水位，即降低坝前水位运行。峡江水库洪水调度运行方式研究的主要内容为：赣江遭遇洪水时，拦蓄洪水控制泄量为下游防洪与降低坝前水位运行、减少库区淹没之间的协调衔接，以达到水库预期防洪目标的分析研究，即协调好峡江坝址上、下游防洪的分析研究。

1.1.2 坝址上、下游防洪协调的可行性

峡江库区所涉及的主要防洪保护对象为乡镇和农村居民点以及耕园地，其防护区的防洪标准为20年一遇及以下，库区的淹没补偿标准（淹没对象设计洪水标准）也为20年一遇及以下。峡江水库下游的主要防洪保护对象为赣东大堤保护区和南昌市城区，赣东大堤和南昌市能独立防护的小片区堤防现状的防洪标准已达50年一遇，南昌市主城区堤防现状防洪标准基本上达到100年一遇。峡江水库为下游防洪的目标为：将防洪主要保护对象的防洪标准由50年一遇提高到100年一遇或由100年一遇提高到200年一遇。据以上分析，峡江库区的防洪为低标准防护区或低标准淹没区，而坝址下游防洪保护对象为高标准防护区，且坝址上、下游防洪标准不重叠。因此，只要科学合理地调度，协调好峡江坝址上、下游的防洪是可行的。

1.2 水文分析计算成果

峡江水利枢纽工程坝址下游4.5km处设有峡江水文站，上游60.4km处设有吉安水

文站。距坝址上游 65km 的赣江右岸支流乌江上设有新田水文站，上游 63km 的赣江左岸支流同江上设有鹤洲水文站。工程库区内设有几十个雨量站。这些水文站、雨量站为该工程的水文分析计算、水雨情预报和调度运行提供资料支持。

1.2.1 坝址设计径流

峡江坝址控制流域面积（62710km²）占峡江站控制流域面积（62724km²）的 99.98%，因此，坝址径流直接采用峡江站径流成果。

1. 年设计径流

峡江水利枢纽工程设计阶段依据峡江站 1953—1956 年的实测水位和 1957—2008 年的实测流量资料，分析计算得到峡江坝址径流，初步设计阶段的径流成果为：多年平均流量 1640m³/s、年径流量 517.5 亿 m³、年径流深 823.5mm、径流模数 26.10L/(km²·s)。

2015 年编制《江西省峡江水库汛期调度运用方案》（以下简称《运用方案》）时将坝址径流系列延长至 2012 年，对峡江坝址 1953—2012 年共 60 年的年平均流量和枯水时段（10 月至次年 2 月）平均流量的频率分析计算进行了复核，其成果与初步设计阶段相同。水利年的年径流：均值为 1640m³/s，$C_v = 0.31$，$C_s/C_v = 2.0$，$P = 10\%$、$P = 25\%$、$P = 50\%$、$P = 75\%$ 和 $P = 90\%$ 的设计值分别为 2320m³/s、1950m³/s、1590m³/s、1270m³/s 和 1030m³/s；枯水时段 10 月至次年 2 月径流：均值为 752m³/s，$C_v = 0.54$，$C_s/C_v = 3.0$，$P = 10\%$、$P = 25\%$、$P = 50\%$、$P = 75\%$ 和 $P = 90\%$ 的设计值分别为 1290m³/s、937m³/s、649m³/s、456m³/s 和 352m³/s。

2. 设计代表年日径流

峡江坝址设计代表年日径流典型年的选择，依据峡江站实测径流资料按水利年年平均流量和枯水时段平均流量接近设计值的原则进行，选取 1994—1995 年、1981—1982 年、1996—1997 年、1989—1990 年和 2003—2004 年 5 个时段为设计丰水、偏丰、平水、偏枯和枯水典型年。峡江站上述 5 个典型年段的 5 年平均流量为 1650m³/s，枯水时段 5 年平均流量为 770m³/s；5 个典型年的年平均流量分别为 2320m³/s、1970m³/s、1600m³/s、1290m³/s 和 1090m³/s，5 个典型年的枯水时段平均流量分别为 1310m³/s、1060m³/s、659m³/s、488m³/s 和 331m³/s。

经分析，上述 5 个典型年的年平均流量、枯水时段平均流量与坝址设计频率 $P = 10\%$、$P = 25\%$、$P = 50\%$、$P = 75\%$、$P = 90\%$ 的设计值差异不大，且各典型年的年内径流分配具有一定的代表性，因此，峡江坝址设计代表年丰水、偏丰、平水、偏枯和枯水年的日径流直接采用典型年 1994—1995 年、1981—1982 年、1996—1997 年、1989—1990 年和 2003—2004 年的日径流。

3. 枯水期设计径流

依据峡江站 1953—2008 年共 56 年的实测径流资料，经统计分析，赣江中游每年的最枯流量一般出现在 12 月至次年 2 月，以 12 月至次年 1 月出现年最枯流量的年数最多。峡江站 56 年实测径流系列中，实测最小的流量为 147m³/s，出现在 1968 年 1 月 19 日。

峡江水利枢纽工程在设计时，依据上述 5 个设计代表年的日平均流量采用综合历时曲线法（对其日径流进行排频分析）求得枯水期设计流量成果，依据1953—2008年共56年的日径流资料采用保证率频率法（在每年的日平均流量资料中先求出各年某一保证率的日平均流量值组成系列，再对该日平均流量系列进行频率分析计算）推求得到98%和95%保证率的各频率枯水流量成果。经分析，最终选取综合历时曲线法成果作为枯水期设计径流成果，其中$P=95\%$和$P=98\%$的枯水期设计流量分别为281m³/s和221m³/s。

1.2.2 坝址设计洪水

1. 设计洪峰流量和时段洪量

峡江水利枢纽工程在初步设计阶段依据峡江站1953—2008年共56年的实测洪水资料推求峡江坝址设计洪水，对由1953—2008年共56年实测洪水系列和1915年历史洪水组成的不连序洪水系列进行频率分析计算，求得年最大洪峰流量以及年最大72h、168h和360h洪量的频率分析计算成果。

编制《运用方案》时将实测洪水系列延长至2012年，对初步设计阶段的设计洪水成果进行复核。同样将1953—2012年共60年实测洪水系列和1915年历史洪水成果组成不连序洪水系列，对其不连序洪水系列进行频率分析计算（分析计算方法与设计阶段相同），求得复核计算时的年最大洪峰流量以及年最大72h、168h和360h洪量的频率分析计算成果。

将编制《运用方案》时复核计算得到的年最大洪峰流量和年最大时段洪量频率分析计算成果与初步设计阶段成果进行比较。可以看出，复核计算得到的设计洪水成果比初步设计阶段成果略小，$P=0.05\%\sim20\%$设洪峰流量的相对误差在$2.03\%\sim2.87\%$，72h、168h和360h的设计洪量相对误差分别为$0\sim1.76\%$、$0\sim1.99\%$和$2.34\%\sim2.36\%$。

因此，编制《运用方案》时设计洪水成果仍采用初步设计阶段成果，详见表1.2-1。

表1.2-1　　　　　　　　　　峡江坝址设计洪水（全年）成果表

项　　目		洪峰流量 /(m³·s⁻¹)	时段洪量/亿 m³		
			72h	168h	360h
均值		11500	26.58	51.32	85.00
各频率设计值	$P=0.02\%$	35200	85.42	176.79	306.31
	$P=0.05\%$	32800	79.39	163.70	282.98
	$P=0.1\%$	31000	74.74	155.09	267.64
	$P=0.2\%$	29100	70.06	143.56	247.08
	$P=0.5\%$	26600	63.69	129.83	222.70
	$P=1\%$	24600	58.69	119.12	203.77
	$P=2\%$	22500	53.59	108.03	184.07
	$P=5\%$	19700	46.57	92.97	157.48
	$P=10\%$	17400	40.83	80.89	136.26
	$P=20\%$	14800	34.66	67.76	113.21

注　表中洪峰流量、时段洪量（72h、168h、360h）相应的C_v分别为0.38、0.40、0.43、0.45；C_s/C_v值为2.5。

2. 设计洪水过程线

峡江坝址设计洪水过程线采用同频率控制放大法进行推求,控制时段采用洪峰流量、72h洪量、168h洪量和360h洪量4个。典型洪水过程按照峰高、量大、常遇、峰型集中以及对工程安全不利等原则在实测的大洪水中进行选择。通过分析比较,选取1968年6月和1994年6月峡江站实测洪水过程作为典型洪水过程。经放大推求得到的各频率设计(全年)洪水过程见图1.2-1和图1.2-2。

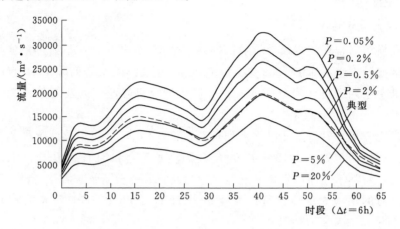

图1.2-1 峡江坝址全年设计洪水过程线(1968年型)

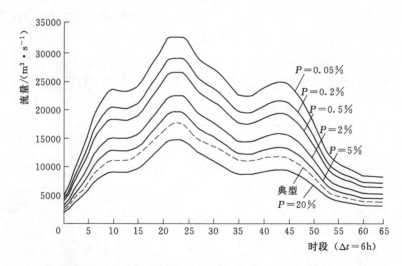

图1.2-2 峡江坝址全年设计洪水过程线(1994年型)

1.2.3 坝址水位-流量关系曲线

峡江水利枢纽工程设计时初步设计阶段推荐的坝轴线位于可行性研究阶段推荐的坝轴线下游170m。

可研阶段推荐的坝轴线位置设有蒋沙专用水位站,具有1992—2008共17年实测水位资料。峡江坝址下游4.5km处有峡江水文站,该站具有1957—2008年共52年的连续实测流量资料和1953—2008年共56年的连续实测水位资料。

可研阶段峡江坝址水位-流量关系曲线分析绘制时，中低水部分采用峡江站水位-流量关系移植法分析绘制，高水部分依据坝址的实测大断面采用史蒂文森法进行延长。初设阶段峡江坝址水位-流量关系曲线依据可研阶段推荐坝址（上坝线）的水位-流量关系曲线采用水面比降法移植而得。各级水位的水面比降依据可研阶段推荐坝址、比较坝址（下坝址）以及峡江站的水位-流量关系曲线推求。初设阶段峡江坝址水位-流量关系成果见表1.2-2。工程施工会使闸坝下游的河床产生变化，河床的变化对坝址水位-流量关系线的稳定有一定影响，建议在工程运行期间进行坝址水位的观测，利用实测水位、流量关系点复核峡江坝址水位-流量关系线。

表1.2-2　　　　　　　　　　峡江坝址水位-流量关系成果表

水位/m	流量/(m³·s⁻¹)	水位/m	流量/(m³·s⁻¹)	水位/m	流量/(m³·s⁻¹)	水位/m	流量/(m³·s⁻¹)
31.30	129	35.50	3360	40.00	10200	44.50	21150
31.50	211	36.00	3950	40.50	11170	45.00	22860
32.00	446	36.50	4590	41.00	12210	45.50	24680
32.50	727	37.00	5280	41.50	13300	46.00	26590
33.00	1050	37.50	6010	42.00	14450	46.50	28590
33.50	1420	38.00	6790	42.50	15650	47.00	30690
34.00	1840	38.50	7600	43.00	16920	47.50	32890
34.50	2300	39.00	8420	43.50	18250		
35.00	2810	39.50	9280	44.00	19640		

编制《运用方案》时依据2014年3—9月峡江坝下实测水位与峡江站实测水位查2013年线所得流量对峡江坝址水位-流量关系线进行了复核，复核所得成果中、低水部分的峡江坝下水位-流量关系线比初设成果略高。水位抬高的原因可能是工程的施工围堰清除不彻底或被冲至下游以及其他原因造成近几年峡江站水位-流量关系线抬高所致。此次复核时采用的坝下实测水位资料时间短，分析绘制的水位-流量关系线精度有限。因此，随着今后峡江坝下实测水位及与其相应的峡江站实测流量的积累，应适时依据较长时间的坝下实测水位与相应时间的峡江站实测流量，对峡江坝下水位-流量关系线进行复核和修正。

1.3　工程设计调度运行方式及实施条件

峡江水利枢纽工程由枢纽和防护区两大部分组成。因此，该工程的调度运行方式还可分为枢纽工程的泄水闸蓄泄水调度运行方式和各防护区内排涝站（电排站）的排涝调度运行方式。

1.3.1　枢纽设计调度运行方式

峡江水利枢纽工程位于赣江中游干流河段上，库区坐落在著名的吉泰盆地。峡江库区河道平缓，沿江两岸分布有较多的村镇和数十万亩耕地，淹没损失和影响大，须优化水库的调度运行方式，减少库区淹没损失。

1.3.1.1 调度运行方式选择

根据峡江水利枢纽工程的布置及其特点、主要防洪保护对象及赣江中下游的洪水特性，并依据赣江中下游区域整体防洪调度原则，考虑峡江水库和泉港分蓄洪区共同承担防洪任务，可研阶段拟定了"分主汛期和后汛期、设置汛限水位，依据坝前水位指示调度（方案一）"和"不分汛期和非汛期、根据洪水期的分级流量设置相应的动态控制水位，依据上游来水流量结合坝前水位指示调度（方案二）"两种洪水调度运行方式进行比选。经分析论证，推荐后者作为峡江水库的洪水调度运行方式。初步设计阶段依据详查的库区淹没实物指标和优化后的相关参数对上述两种洪水调度运行方式作了进一步复核。复核结果表明，方案二年发电量仅比方案一少 766 万 kW·h，但少搬迁 1907 人、少淹没耕园地 452.9hm²，节省直接工程投资 4.20 亿元。通过比较分析，方案二明显优于方案一。因此，确定峡江水库采用"依据上游来水流量结合坝前水位指示调度（方案二）"的洪水调度运行方式。不同洪水调度运行方式的主要技术经济指标详见表 1.3－1。

表 1.3－1　　　峡江水库不同洪水调度运行方式的主要技术经济指标表

项　　目	依据坝前水位指示洪水调度运行方式	依据上游来水流量指示洪水调度运行方式	备注
正常蓄水位/m	46.00	46.00	
汛限水位/m	45.00		
限制运行水位/m		45.20、44.40、43.80	
死水位/m	44.00	44.00	
校核洪水位（$P=0.05\%$）/m	49.00	49.00	
装机容量/MW	360	360	
多年平均年发电量/(万 kW·h)	115123	114357	
年电量效益/万元	36881	36635	
保证出力（$P=90\%$）/MW	44.09	44.09	
多年平均水头/m	11.55	11.54	
加权平均水头/m	10.91	10.93	
防护前需迁移人口/人	158984	104918	
防护后迁移人口/人	26818	24911	
防护前淹没耕园地/亩	125876	101294	
防护后淹没及压占耕园地/亩	36069	29275	
水库淹没处理投资/万元	525016	482998	含防护工程
总投资/万元	862186	820168	不含税费
差额电量/(万 kW·h)	766		
差额保证出力/MW	0		
年电量效益差/万元	246		
防护前需迁移人口差额/人	54066		

续表

项　　目	依据坝前水位指示 洪水调度运行方式	依据上游来水流量指示 洪水调度运行方式	备注
防护后迁移人口差额/人	1907		
防护前淹没耕园地差额/亩	24582		
差额淹没压占耕园地/亩	6794		
差额淹没处理投资/万元	42018		
差额总投资/万元	42018		

1.3.1.2　水库总调度运行原则

经设计阶段分析研究，峡江枢纽工程的运行调度依据坝址上游来水流量结合坝前水位进行，且采取动态控制各流量段坝前水位的洪水调度运行方式进行洪水调度。其总的调度运行原则为：小水（流量小于防洪与兴利运行分界流量）下闸蓄水兴利（发电、航运、灌溉），调节径流；中水（20年一遇或以下洪水）分级降低坝前水位运行，减少库区淹没；大水（20～200年一遇洪水）控制泄量，为下游防洪；特大洪水（200年一遇以上洪水）开闸敞泄洪水，以保闸坝运行安全。

1.3.1.3　分界流量和相应水位选择

峡江水库运行调度的分界流量有：进入防洪运行状态的防洪与兴利运行分界流量、水库开始拦蓄洪水为下游防洪的起始控泄流量、降低水位运行时各流量级的分界流量和发生特大洪水时峡江水库为保坝敞泄洪水的敞泄起始流量。

1. 防洪与兴利运行分界流量

依据峡江坝址 5 个设计代表年的日均流量统计分析，流量小于 $4500\,\text{m}^3/\text{s}$、$5000\,\text{m}^3/\text{s}$ 和 $5500\,\text{m}^3/\text{s}$ 的时间分别为 94.3%、95.3% 和 96.1%。依据 1957—2008 年共 52 年的峡江坝址日均流量统计，流量小于 $5000\,\text{m}^3/\text{s}$ 的时间为 94.8%。经分析，选取峡江坝址 $5000\,\text{m}^3/\text{s}$ 流量（略大于水轮发电机组最大引用流量 $4740\,\text{m}^3/\text{s}$）为峡江水库防洪与兴利运行分界流量，根据峡江坝址-吉安站流量的相关关系，相应的吉安站流量为 $4730\,\text{m}^3/\text{s}$。

2. 起始控泄流量

峡江水库在洪水期间既要降低坝前水位运行减少库区淹没损失，又要拦蓄洪水为下游调洪削峰，这样才能达到防洪目标。根据相关的规程规范，峡江库区的防护标准和库区淹没补偿标准一般为 20 年一遇及以下，赣江发生 20 年一遇及以下洪水时峡江水库均需降低水位运行。但水库为下游防洪时又必须拦蓄洪水、调洪削峰，而且坝址至防洪保护对象有一定的距离，需提前拦蓄洪水。经分析，选取峡江坝址流量大于 $20000\,\text{m}^3/\text{s}$（略大于 20 年一遇设计洪峰流量 $19700\,\text{m}^3/\text{s}$）时水库开始拦蓄洪水为下游防洪，此流量即为峡江水库起始控泄流量。

3. 降低水位运行分界流量和分界水位

赣江发生中等洪水时：峡江水库须降低水位运行来减少库区的淹没范围和损失，洪水退去后又需迅速地回蓄至较高水位以发挥正常的兴利功能。因此，遇赣江中等洪水时需对坝址流量进行分级，并对各流量级设置坝前的相应动态控制水位，以提高工程的综合效益。设计阶段通过对赣江中下游洪水的特性及各次洪水的涨率分析，并依据峡江水库的高程-容积关系曲线，对峡江站年最大实测洪峰流量大于13000m³/s（约为3年一遇设计洪峰流量）的15次洪水进行水库的预泄放水和回蓄分析计算，选取坝址流量9000m³/s、12000m³/s、14500m³/s和坝前水位45.20m、44.40m、43.80m作为水库的降低水位运行分界流量和分界水位。不同来水流量与水库相应动态控制坝前水位范围关系详见表1.3-2。

表1.3-2 峡江水库不同来水流量与水库相应动态控制坝前水位范围关系表（初设阶段）

峡江坝址流量/(m³·s⁻¹)	5000～9000	9000～12000	12000～14500	14500～20000
吉安站流量/(m³·s⁻¹)	4730～8590	8590～11480	11480～13890	13890～19190
动态控制坝前水位/m	46.00～45.20	45.20～44.40	44.40～43.80	敞泄洪水

4. 大水控制泄量的判别指标分界点

当峡江坝址流量超过20000m³/s时，水库需下闸拦蓄洪水，控制下泄流量为下游防洪。设计阶段根据相关规划报告对赣江中下游防洪工程总体方案的安排，水库拟定洪水调度规则时需考虑赣江下游泉港分蓄洪区的分洪条件和分洪能力，采用试错法对1962年、1964年、1968年、1973年、1982年、1992年、1994年和1998年等8个年型的100年一遇和200年一遇赣江中下游整体防洪设计洪水进行调洪演算，当坝址来水流量超过20000m³/s时，峡江水库按坝前（库）水位、上游来水流量及反映坝址至防洪控制断面区间来水大小的茅洲站流量等3个判别指标指示水库的蓄泄洪水，通过反复调试后确定上述3个判别指标的分界值。并选择45.00m为赣江发生大洪水时峡江水库的起调水位，48.40m为发生100年一遇洪水时峡江库水位的上限值，49.00m为峡江水库的防洪高水位，选取21500m³/s、22000m³/s、23500m³/s和24000m³/s作为坝址流量判别指标的分界点，选取1500m³/s和1800m³/s作为茅洲站流量判别指标的分界点。

5. 特大洪水敞泄起始流量

当赣江发生超过下游防洪标准200年一遇洪水时，峡江水库应开闸敞泄洪水，以保闸坝运行安全。因此，将200年一遇的坝址设计洪峰流量26600m³/s作为特大洪水峡江水库的敞泄起始流量。

1.3.1.4 洪水调度运行方式

当峡江坝址流量大于5000m³/s时，水库进入洪水调度运行方式。峡江水库洪水调度运行方式又分降低坝前水位运行方式、拦蓄洪水为下游防洪运行方式和敞泄洪水运行方式。

1. 降低坝前水位运行方式

当峡江坝址来水流量介于5000～20000m³/s之间时，峡江水利枢纽采取降低坝前水位方式运行并对坝前水位进行动态控制的洪水调度运行方式进行调度。

当上游来水流量介于表1.3-2中各流量段：涨水时应尽快将坝前水位降至表1.3-2中动态控制坝前水位范围的相应下限水位运行，以减少库区淹没损失；退水时可将坝前水位升至表1.3-2动态控制坝前水位范围的相应水位区间运行，有利于水库回蓄，以便发挥正常兴利功能。

2. 拦蓄洪水为下游防洪运行方式

当峡江坝址来水流量为 20000～26600m³/s 且水库水位低于防洪高水位 49.00m 时，峡江水库进入拦蓄洪水为下游防洪运行方式。该防洪运行方式采用固定泄量并分洪水主要来源按"大水多放、小水少放"（坝址上游来水为主）、"区间来水小多放、区间来水大少放"的泄洪原则进行。并依据坝前水位、上游来水流量和坝址至防洪控制断面区间流量 3 个判别指标进行拦蓄洪水，控制下泄流量为下游防洪的洪水调度运行方式进行调度。

3. 敞泄洪水运行方式

当峡江库水位达到防洪高水位 49.00m、坝址来水流量超过水库的敞泄起始流量 26600m³/s、且洪水继续上涨时，开启峡江枢纽全部泄水闸敞泄洪水，以保闸坝安全，但应控制其下泄流量不大于本次洪水的洪峰流量。

1.3.1.5 洪水调度预泄控制条件

1. 水位升降控制条件

峡江水库在洪水调度过程中，当上游来水达到且超过一定流量时，须进行预泄调度，降低库区沿程水位，减少淹没损失。预泄调度需在较短时间内加大下泄流量，坝址下游水位将会迅速升高，退水段减少下泄流量回蓄时也同样存在坝址下游水位会迅速降低的现象。由于坝址上下游水位的迅速升降会影响到航运及河岸坡的稳定，因此，坝址上、下游水位的升降速度须控制在一定的范围内。

据类似工程经验和初步分析，要求坝址下游水位每小时变幅在 1m 以内，即可保证坝址上游水位的升降速度满足航运及河岸坡稳定等要求。因此，峡江水利枢纽的泄水闸在加大流量预泄和减小流量回蓄时，要求按照下列规则进行调度。

$$Q_{泄i} = Q_{泄i-1} \pm \Delta Q \tag{1.3-1}$$

式中：$Q_{泄i}$ 为第 i（1 小时间隔）个时段的下泄流量，m³/s；$Q_{泄i-1}$ 为前一时段的下泄流量，m³/s；ΔQ 为时段内要加大或减小的流量，m³/s。

初设阶段拟定的泄水闸加大流量预泄和减小流量回蓄时 $Q_{泄i-1}$ 与 ΔQ 的关系见表 1.3-3。

表 1.3-3 　加大流量预泄和减小流量回蓄时 $Q_{泄i-1}$ 与 ΔQ 关系表（初设阶段）　　单位：m³/s

加大下泄流量降低水位过程		减小流量回蓄过程	
$Q_{泄i-1}$	ΔQ	$Q_{泄i-1}$	ΔQ
$3500 \leq Q_{泄i-1} < 5000$	1260	$16000 > Q_{泄i-1} \geq 14500$	2480
$5000 \leq Q_{泄i-1} < 7000$	1470	$14500 > Q_{泄i-1} \geq 12000$	2220
$7000 \leq Q_{泄i-1} < 9000$	1640	$12000 > Q_{泄i-1} \geq 9000$	1860
$9000 \leq Q_{泄i-1} < 12000$	1860	$9000 > Q_{泄i-1} \geq 7000$	1640
$12000 \leq Q_{泄i-1} < 14500$	2220	$7000 > Q_{泄i-1} \geq 5000$	1470
$Q_{泄i-1} \geq 14500$	2480	$5000 > Q_{泄i-1} \geq 3500$	1260

2. 预泄时下泄流量控制条件

为了减少库区的淹没损失，峡江水库遇坝址来水流量大于 5000m³/s 时即需加大泄量降低坝前水位，由于峡江泄水闸的泄流能力大，若逐时段加大泄量且不加以控制，则会对下游造成较大的人为洪水。经设计阶段初步分析，预泄降低坝前水位（加大下泄流量）按表 1.3-4 控制其预泄时的最大下泄流量。

表 1.3-4 峡江坝址上游来水流量与预泄时最大下泄流量关系表（初设阶段）

峡江坝址流量 /(m³·s⁻¹)	吉安站流量 /(m³·s⁻¹)	动态控制坝前水位 /m	预泄时最大下泄流量 /(m³·s⁻¹)
5000～9000	4730～8590	46.00～45.20	13200
9000～12000	8590～11480	45.20～44.40	14800
12000～14500	11480～13890	44.40～43.80	16500

遇赣江涨水时，预泄降低坝前水位按以下规则控制预泄时的最大下泄流量：将坝前水位由 46.00m 降低至 45.20m（坝址流量为 5000～9000m³/s）时，下泄的最大流量应控制在 13200m³/s（约 3 年一遇设计洪峰流量）以内；将坝前水位由 45.20m 降低至 44.40m（坝址流量为 9000～12000m³/s）时，下泄的最大流量应控制在 14800m³/s（5 年一遇设计洪峰流量）以内；将坝前水位由 44.40m 降低至 43.80m（坝址流量介于 12000～14500m³/s 之间）时，最大的下泄流量可加大至 16500m³/s（小于 10 年一遇设计洪峰流量 17400m³/s）；将水位降至 43.80m 以下时，敞泄上游来水流量。

3. 水库回蓄时最小下泄流量控制条件

遇赣江退水时，峡江水库需减小下泄流量将坝前水位尽快回蓄至动态控制水位范围内的相应水位，以便发挥正常的兴利功能。若逐时段减小下泄流量且不加以控制，则会对下游的航运、供水等造成较大影响。经设计阶段初步分析，遇赣江退水，峡江水库回蓄时的最小下泄流量若不小于 500m³/s 即可满足坝址下游的航运、供水等要求。因此，设计阶段拟定峡江水库回蓄时的最小下泄流量应控制在不小于 500m³/s。

4. 预泄所需时间分析

设计阶段依据峡江坝址水位-流量关系线、泄水闸的泄流能力曲线和水库的高程-容积关系曲线以及实测的大洪水资料，按表 1.3-3、表 1.3-4 的预泄规则和洪水调度规则，对赣江发生的 14 年共 20 次大洪水进行逐时调节演算，得到预泄降至各级水位时的所需时间：当水库预泄时水位由 46.00m 降至 45.20m 和水位由 45.20m 降至 44.40m 时所需的时间均为 6～7h，当水库预泄时，水位由 44.40m 降至 43.80m 时所需的时间为 5～6h。

1.3.1.6 兴利调度运行方式

当峡江坝址流量小于防洪与兴利运行分界流量 5000m³/s 时，峡江水库坝前水位控制在 46.00m（正常蓄水位）至 44.00m（死水位）之间运行，按照江西电网的供电需求、库区的航运要求和下游农田灌溉用水要求进行兴利调度。为了充分利用水力资源，在满足各部门的兴利用水要求的前提下，尽可能使水库维持在较高水位上运行，增大发电水头，以利多发电。电站考虑坝址下游的航运、城镇居民生活和工农业用水以及河道内生态用水的要求，控制其最小下泄流量不小于 221m³/s，相应的电站基荷出力为 27MW。

1.3.2 防护区排涝设计调度运行方式

防护区排涝调度运行方式主要是排涝站的运行方式。峡江防护区排涝站除了同江河口排涝站有调蓄区（利用同江故道作为调蓄区）外，其他各排涝站均无调蓄区。因此，根据各排涝站实际情况，按同江河口排涝站（有调蓄区排涝站）和无调蓄区排涝站分述其排涝运行方式，其中无调蓄区排涝站又分有自排机会和无自排机会两种情况。

由于峡江防护区内的地面高程较低，区域内适宜农作物正常生长的地下水位相应的排涝站前池水位始终低于外河水位，因此，各排涝站除在强降水期间承担排涝任务外，还需在非强降水期间承担排渍任务。

1.3.2.1 同江河口排涝站运行方式

同江河口排涝站位于同江防护区内的同江老河口处，利用同江下游的故道进行调蓄，该排涝站无自排机会，其排涝（渍）的运行方式如下。

（1）排涝期间（强降水期）。同江河口排涝站一般启用一台机组将内水位维持在 38.00～38.50m（消除渍害水位）；区内遇强降水时，内水位上涨，当内水位升至设计内水位 40.00m 时，根据区内的降雨和来水情况，适当增加运行机组台数，开始排涝；强降雨期间，泵站前池及调蓄区的水位将随降雨强度和降雨量的加大而升高，在确保机组运行安全前提下，尽可能地将水位控制在 40.00m 以下，必要时，实行满负荷运行。当涝区内水位开始下降时，可适时减少运行机组，当内水位降至 38.50m 时，全部泵站机组可暂时停开，直至内水位升至 40.00m 时再开机。

（2）排渍期间（非强降水期）。同江河口排涝站的设计内水位始终低于外河水位，由降水及边山来水形成的涝水，需长年采用泵站抽排入江，以消除区内渍害。由于排渍期间来水一般不大，根据实际情况开启泵站机组，使防护区内水位维持在排渍水位 38.00～38.50m。

1.3.2.2 无调蓄区排涝站运行方式

无调蓄区的排涝站运行方式分为有自排机会和无自排机会两种情况。

1. 有自排机会排涝站运行方式

峡江防护区内有自排机会的排涝站只有坝尾和罗家 2 座排涝站。

（1）排涝期间（强降水期）。排涝站一般启用 1 台机组将内水位维持在最低运行内水位至最低运行内水位以上 1.0m 之间。区内遇强降水时，内水位上涨，当内水位升至设计内水位时，此时可根据内、外水位情况确定排水方式：如有自排机会，可打开自排闸，进行自排，以减少运行费用；当无自排机会时，关闭自排闸，并根据区内的降雨和来水情况，适当增加运行机组台数，开始排涝。强降雨期间，泵站前池及主排水通道水位将随降雨强度和降雨量的加大而升高，在确保机组运行安全前提下，尽可能地将水位控制在设计内水位以下，必要时，实行满负荷运行。当涝区内水位开始下降时，可适时减少运行机组，当内水位降至最低运行内水位以上 1.0m 时，全部泵站机组可暂时停开，直至内水位达到设计内水位时再开机。

（2）排渍期间（非强降水期）。由于适宜农作物正常生长的地下水位相应的前池水位始终低于外河水位，由降水及边山来水形成的涝水，需长年采用泵站抽排入江，以消除区内渍害。此时期排涝站若遇有自排机会（坝尾排涝站存在自排机会），可打开自排闸，进行自排。由于排渍期间来水一般不大，可根据实际情况开启泵站机组，使防护区内水位维持在最低运行内水位至最低运行内水位以上 1.0m（排溃水位）之间。

　　2. 无自排机会排涝站运行方式

峡江防护区内除以上 2 座排涝站存在自排机会外，其余排涝站设计内水位均低于峡江水库运行水位，无自排机会。各排涝站（除同江河口排涝站外）运行方式除不进行自排外，与有自排机会排涝站运行方式基本相同。

1.3.3　顺利实施峡江水库调度的条件

　　峡江水利枢纽工程的运行调度依据坝址上游来水流量结合坝前水位进行，且采取动态控制各流量段坝前水位的洪水调度运行方式进行洪水调度。赣江发生中等洪水时，须逐级降低水位或抬高水位运行，以减少库区淹没损失或提高洪水资源的利用率；赣江发生大洪水时，须依据坝前水位、上游来水流量和坝址至防洪控制断面区间流量指示峡江枢纽泄水闸进行蓄泄洪水，泉港分蓄洪区配合进行分洪，为赣江下游防洪；赣江发生特大洪水时，须依据坝前水位和上游来水流量指示开闸敞泄洪水，确保闸坝安全度汛。即：峡江枢纽泄水闸的蓄、泄水须依据峡江坝址和吉安站流量以及支流袁水上的茅洲站流量进行判断，若需要泉港分蓄洪区配合进行分洪为赣江下游防洪时，还须依据石上站流量和泉港分洪闸外赣江水位指示泉港分洪闸的开启和关闭。要顺利实施这种洪水调度运行方式，须依靠并利用现代技术，了解雨情、水情，事先知晓峡江坝址上游的来水流量和坝址至防洪控制断面的区间流量，预报出峡江坝址、吉安站、新田站、茅洲站和石上站的流量过程以及泉港分洪闸外赣江水位过程。

　　设计阶段对峡江水利枢纽工程水情自动测报系统进行了总体设计。该系统设置了峡江坝上和坝下 2 个水位站，并将赣江干流上的栋背、吉安、峡江水文站和栋背站至峡江水库坝址区间支流上的新田、林坑、上沙兰、赛塘、木口（白沙）水文站以及峡江坝址下游赣江支流袁水上的茅洲水文站纳入了该系统，作为该系统收集水情资料的遥测站点；还在栋背、林坑、新田、上沙兰、赛塘和木口水文站至峡江水库坝址区间选择 56 个雨量站作为该系统收集降水量资料的遥测站点。利用计算机技术、网络技术和数字化技术收集上述遥测站点的水情、雨情资料，并预报峡江水利枢纽工程运行调度所需的各控制断面洪水过程。茅洲站的流量过程可依据实测水位查水位-流量关系线而得；吉安站的流量过程原也可依据实测水位查水位-流量关系线而得，但峡江水库蓄水运行后，吉安站原水位-流量关系线已不适用（或需重新分析绘制可用的水位-流量关系线）。因此，峡江坝址、吉安站、石上站的流量过程以及泉港分洪闸外赣江水位过程均需采用预报方式得到。

　　吉安站位于峡江坝址上游 60.4km 处，吉安站的洪水至峡江坝址需要 10～14h 的传播时间，峡江水库建成后，传播时间会缩短至 10h 左右。为了给工程调度预留足够的实施时间，工程运行调度所需的各控制断面洪水过程均可利用栋背站水情和其下游各站的水情、雨情资料编制工程运行调度所需的各控制断面洪水预报方案，预报峡江水利枢纽工程运行调度所需的各控制断面洪水过程，为峡江水利枢纽工程科学、合理的运行调度提供条件。

1.3.4　现有水文预报情况

　　1. 洪水预报方案和预见期

　　目前可用于峡江水库运行调度、由江西省水文局和吉安市水文局编制的现有水文预报方案包括：栋背等五站合成最大流量-吉安站洪峰水位预报方案、新田站降雨-径流预报方案和吉安、新田站合成最大流量-峡江站洪峰水位预报方案等。

栋背等五站合成最大流量-吉安站洪峰水位预报方案依据赣江干流栋背站、支流蜀水林坑站、支流禾水上沙兰站、支流泸水赛塘站和支流孤江白沙站等五站合成的最大流量来预报吉安站洪峰水位的方案。经预报得出吉安站洪峰水位后，再根据吉安站水位-流量关系线查得吉安站洪峰流量。该预报方案的洪水预报预见期一般为12h左右，为了增加预见期，可使用预报的干流和支流站洪水来作吉安站洪水的预报。

新田站降雨-径流预报方案依据赣江支流乌江上的新田站及其以上流域的降雨资料采用降雨-径流法预报流域内产生的径流深，再依据预报得到的径流深采用经验单位线法通过汇流演算来预报乌江新田站洪峰流量及水位的方案。该预报方案的洪水预报预见期一般为15～30h，当中上游雨量偏大时预见期较长，中下游雨量偏大时预见期较短。

吉安站、新田站合成最大流量-峡江站洪峰水位预报方案依据赣江干流吉安站、支流乌江新田站合成的最大流量来预报峡江站洪峰水位的方案。经预报得出峡江站洪峰水位后，再根据峡江站水位-流量关系线查得峡江站洪峰流量。该预报方案的洪水预报预见期一般为10～14h。

2. 洪水预报方案等级

按照《水文情报预报规范》（SL 250—2000）的规定进行方案评定，栋背等五站合成最大流量-吉安站洪峰水位预报方案、新田站降雨-径流预报方案和吉安站、新田站合成最大流量-峡江站洪峰水位预报方案分别属乙级、甲级和乙级方案。

3. 存在的问题

吉安站上游有万安、南车、老营盘和白云山四座大型水库，这四座大型水库的蓄放水对吉安站的洪水预报不同程度地造成一定的影响。因此，在使用栋背等五站合成最大流量-吉安站洪峰水位预报方案进行吉安站的洪水作业预报时，在区间降雨较大或水库开闸泄洪时，要酌情考虑其影响。

1.4 枢纽工程上下游防洪情势

1.4.1 上下游防洪基本情况

1. 下游河道堤防御洪能力情况

从《江西省赣江流域综合规划修编报告》中可知：赣东大堤的御洪能力目前已达到50年一遇，规划提高到100年一遇；南昌市主城区防洪堤的御洪能力目前已达到100年一遇、零散防护小片区防洪堤的御洪能力目前为50年一遇，规划主城区防洪堤近期为200年一遇，远期为300年一遇；规划其他保护区近期的防洪标准，县城所在地为20～30年一遇，沿河重要乡镇为10年一遇，5万亩以上保护区为20年一遇，1万～5万亩保护区为10年一遇。

据调查，峡江坝址下游沿江两岸及支流沂江河、袁河、锦江河口附近分布有32座防洪堤，除了赣东大堤和新干县城防洪堤的御洪能力分别为50年一遇和30年一遇外，其他堤防绝大多数的御洪能力目前为5年或5～10年一遇，丰城市的官港堤和万石圩的御洪能力为 4 年一遇、泉山防洪堤的御洪能力为 3 年一遇。

2. 下游典型断面安全泄量

峡江泄水闸加大泄量预泄对下游的防洪影响分析可选择在峡江坝址下游 4.5km 的峡江水文站和位于赣东大堤中部的石上水文站 2 个典型断面进行。

峡江站和石上站的集水面积分别为 62724km² 和 72760km²。根据峡江水利枢纽工程设计报告中的水文分析计算成果，峡江站 $P=2\%$、$P=5\%$、$P=10\%$、$P=20\%$ 和 $P=33\%$ 设计洪峰流量分别为 22500m³/s、19700m³/s、17400m³/s、14800m³/s 和 13000m³/s，石上站 $P=2\%$、$P=5\%$、$P=10\%$、$P=20\%$ 和 $P=33\%$ 设计洪峰流量分别为 22800m³/s、19900m³/s、17700m³/s、15200m³/s 和 13400m³/s。

为抵御不同频率洪水，上述峡江站和石上站 2 个断面相应频率的设计洪峰流量即为该堤防在峡江站和石上站 2 个断面的相应安全泄量。

3. 库区堤防工程御洪能力情况

峡江库区内设有同江、吉水县城、上下陇洲、柘塘、金滩、樟山和槎滩 7 个防护区，布置了 13 条防洪堤、15 座排涝站。

同江防护区的同赣堤和吉水县城的城防堤按 50 年一遇的洪水标准设计和实施，同江防护区的阜田堤和万福堤以及上下陇洲的陇洲堤按 20 年一遇的洪水标准设计和实施，柘塘防护区的柘塘北堤和南堤、金滩防护区的金滩堤、樟山防护区的樟山堤、燕家坊堤、落虎岭堤和奶奶庙堤以及槎滩防护区的槎滩堤均按 10 年一遇的洪水标准设计和实施。因此，峡江库区各堤防工程的御洪能力与设计相应的洪水标准相同。

1.4.2 典型年洪水调度情况

峡江水利枢纽工程坝址的集水面积 62710km²，其下游 4.5km 设有峡江水文站。峡江站集水面积 62724km²，该站自 1947 年设站以来至 2013 年，已具有 1953—2013 年 61 年水位观测资料和 1957—2013 年 57 年的实测流量资料。在峡江站历年最大洪峰流量系列中：最小值出现于 1963 年，为 2950m³/s；最大值出现于 1968 年，为 19900m³/s。其中：年最大实测洪峰流量大于 13000m³/s（3 年一遇设计洪峰流量）的年份有 15 年共 16 次。

编制《运用方案》时，选择峡江站最大实测洪峰流量大于 13000m³/s 的 16 次洪水作为典型年洪水，并对其按照设计阶段初选的参数进行峡江水库的洪水调度，入库流量采用峡江站实测流量。依据峡江站的实测洪水过程，采用峡江水利枢纽工程设计阶段设定的预泄和回蓄控制条件按峡江水库的洪水调度规则，对 16 次洪水的实测流量过程，以 1h 为计算时段进行洪水调度。由洪水调度成果的统计分析可知，16 次洪水中：有 10 次入库洪峰流量小于 16500m³/s 的洪水通过水库调节后的出库洪峰流量均达到了 16500m³/s，其余的 6 次入库洪峰流量达到 16500m³/s 及以上的洪水通过水库调节后的出库洪峰流量与入库洪峰流量相同。另外，当上一时段的下泄流量小于 3500m³/s 时，仍按 1260m³/s 的流量差加大预泄流量，上一时段的下泄流量大于 14500m³/s 时，按 2480m³/s 的流量差减小泄量；上一时段的下泄流量小于 4000m³/s 时仍按 1260m³/s 的流量差减小泄量回蓄；预泄和回蓄时的下游水位在 1h 内的升高值和降低值会超过 1.0m。

1.4.3 防洪调度上存在的主要问题

峡江水利枢纽工程是一座具有防洪、发电、航运、灌溉等综合效益的大（1）型水利枢纽工程，其坝址下游主要的防洪保护对象是南昌市城区和赣东大堤保护区，其拦蓄洪水为下游防洪运行方式主要是针对南昌市城区和赣东大堤保护区进行。峡江水库的防洪调度在设计阶段考虑坝址下游堤防的御洪能力已按规划要求达标：一般均可抗御 10 年一遇及以上洪水（沿河重要乡镇、保护 1 万亩及以上圩堤均规划近期的防洪标准达 10 年一遇及以上），保护 1 万亩以下圩堤也能抗御 5 年一遇洪水。因此，峡江水库预泄降低坝前水位运行方式在设计阶段拟定的预泄时最大下泄流量：将水位自 46.00m 降低至 45.20m 时（坝址流量为 5000～9000m³/s）为 13200m³/s（略大于坝址 3 年一遇的设计洪峰流量 13000m³/s），将水位自 45.20m 降低至 44.40m 时（坝址流量为 9000～12000m³/s）为 14800m³/s（坝址 5 年一遇的设计洪峰流量），将水位自 44.40m 降低至 43.80m 时（坝址流量为 12000～14500m³/s）为 16500m³/s（小于坝址 10 年一遇的设计洪峰流量 17400m³/s）。而且，在将峡江坝前水位降至 43.80m 以下时，泄水闸全开可敞泄上游来水流量。

由于峡江坝址下游沿江两岸及支流沂江河、袁河、锦江河口附近的堤防绝大多数未按规划要求达标，其防洪标准目前为 5 年或 5～10 年一遇，且丰城市的官港堤和万石圩仅为 4 年一遇、泉山防洪堤只有 3 年一遇。若按设计阶段拟定的峡江水库预泄时最大下泄流量进行预泄降低水位调度，则会造成较大的人为洪水，威胁峡江坝址下游沿江两岸未达标堤防的防洪安全。若按设计阶段拟定的峡江水库预泄或回蓄的增减流量差进行泄蓄洪水，有些时段预泄或回蓄时的下游水位在 1h 内的升高值或降低值会超过 1.0m，有可能对航运和岸坡的稳定产生不利影响。

1.5 水库蓄泄水判断指标和调度参数复核

1.5.1 赣江干流来水判断指标

根据工程设计时的峡江水库调度运行方式，赣江干流上游的来水要求根据水库的入库站吉安水文站流量和坝址流量两个指标来指示峡江水库的运行调度。当预报坝址流量将超过 5000m³/s 或者吉安站流量达到 4730m³/s 时，峡江水库即进入防洪调度运行方式：加大下泄流量逐级降低坝前水位以减少库区淹没，或拦蓄洪水为下游防洪，或开闸敞泄洪水以保闸坝安全度汛；以及在洪水的退水段拦蓄径流，逐级抬高坝前水位，增加电站发电水头和发电量，提高水资源的利用率和工程综合效益。

工程设计阶段，通过技术经济比选后推荐采用各种运行条件下峡江坝址的分界流量，吉安站相应分界流量依据吉安站与峡江站 1957—2008 年的实测流量资料，通过相应峰谷流量相关分析后计算而得。编制《运用方案》时，将吉安站和峡江站流量系列延长至 2012 年后采用与工程设计阶段相同的方法对各种运行条件下吉安站的分界流量进行复核。经复核分析所得的峡江水库各种运行条件下吉安站的分界流量成果与工程设计阶段分析选定的成果相差很小，因此，峡江水库各种运行条件下峡江坝址和吉安站的分界流量仍采用工程设计阶段分析选定的成果，见表 1.5-1。

表 1.5-1　　　　　　　指示峡江水库蓄、泄水调度的赣江干流来水判断指标表

项目	指示水库调度的分界流量/（m³·s⁻¹）					
峡江坝址	5000	9000	12000	14500	20000	26600
吉安站	4730	8590	11480	13890		
备注	防洪与兴利运行分界流量	降低或抬高峡江坝前水位的分级流量			防洪控泄起始流量	敞泄洪水起始流量

1.5.2　支流袁河来水判断指标

峡江坝址流量超过 20000m³/s 时，水库进入拦蓄洪水为下游防洪运行方式。该防洪运行方式采用固定泄量并分洪水主要来源按"大水多放、小水少放"（坝址上游来水为主）、"区间来水小多放、区间来水大少放"的补偿调节泄流原则进行洪水调度。峡江坝址至防洪控制断面（石上站）区间洪水大小的判断，工程设计阶段选定由赣江支流袁河上茅洲站流量进行指示，因此，茅洲站流量也是峡江水库洪水调度中的蓄泄水判断指标之一。

工程设计阶段，选定支流袁河上的茅洲站流量 1500m³/s 和 1800m³/s 为分界流量，作为峡江坝址至防洪控制断面区间来水大小的判断指标。编制《运用方案》时通过复核分析，茅洲站水位-流量关系曲线比较稳定，可由茅洲站的实测水位替代茅洲站流量，作为峡江坝址至防洪控制断面区间来水大小的判断指标。

查茅洲站综合水位-流量关系曲线可得：茅洲站流量 1500m³/s 时的相应水位为 73.08m，茅洲站流量 1800m³/s 时的相应水位为 73.61m。即可采用茅洲站水位 73.08m 和 73.61m 作为峡江坝址至防洪控制断面区间来水大小的判断指标，以指示峡江水库拦蓄洪水为下游防洪运行方式时的蓄泄水调度。

1.5.3　不同来水流量级和相应动态控制水位范围

当峡江坝址来水流量为 5000～20000m³/s 时，峡江水库采取降低坝前水位方式运行，并对坝前水位进行动态控制的洪水调度运行方式进行调度。

编制《运用方案》时，通过对峡江站年最大实测洪峰流量大于 13000m³/s 的大洪水进行峡江水库的防洪调度，发现坝址流量为 14500～17000m³/s 且坝前水位处在 43.80m 左右时，泄水闸仍有 17000m³/s 以上的泄流能力，若此时不对最大泄量和坝前水位进行控制，而闸门全开敞泄洪水时，坝址下游将会发生接近 10 年一遇的人为洪水。因此，根据设计回水水面线的推算和选用原则，满足预泄降低坝前水位时基本不加重下游防洪负担的要求，将坝址流量 14500～20000m³/s 区间分成 14500～14800m³/s 和 14800～20000m³/s 两个区间段，并限制其最大下泄流量和设置相应坝前水位控制范围。

1.5.4　预泄和回蓄时增减的泄量

峡江水库在预泄和回蓄时会使坝址上下游的水位迅速上升或下降，为了满足航运及河岸坡稳定等要求，峡江泄水闸在加大流量预泄和减小流量回蓄时，要求按照式（1.3-1）规则进行调度。

编制《运用方案》时，通过对 16 场次大洪水加大流量预泄和减小流量回蓄的防洪调度，针对其存在的问题，经总结研究，调整了减小流量回蓄时 $Q_{泄 i-1}$ 与 ΔQ 的关系。

1.5.5 预泄时最大下泄流量

峡江水库防洪调度时,坝址流量大于 $5000m^3/s$ 或吉安站流量大于 $4730m^3/s$ 时即需加大下泄流量降低坝前水位运行。为了避免造成较大的人为洪水,应对预泄时的最大泄量进行控制。

为了避免峡江水库预泄时造成较大的人为洪水,威胁坝址下游抗洪能力较低堤防的防洪安全,除了增加了对坝址流量 $14500\sim20000m^3/s$ 区间段水库的预泄时最大泄量限制外,还适当减小了其他 3 个流量段区间的最大泄量。

1.5.6 回蓄时最小下泄流量

根据峡江水库的调度运行方式,遇赣江退水时,水库需减小泄量,使水位尽快地回蓄至动态控制坝前水位范围内的相应水位,以发挥正常的兴利功能。由于峡江坝址的集水面积大,退水时的流量仍较大,当坝址上游来水流量较大时也没必要将其下泄流量限制至 $5000m^3/s$ 。因此,为了避免水库回蓄时减小下泄流量太大,编制《运用方案》时按不同的坝址上游来水流量级重新调整了回蓄时的最小下泄流量。

1.6 工程调度运用方案

1.6.1 枢纽调度运用方案

1.6.1.1 枢纽运用调度原则

设计阶段选择峡江坝址流量 $5000m^3/s$ (略大于电站水轮机组最大引用流量)、吉安站流量 $4730m^3/s$ 为峡江水库的防洪与兴利运行分界流量,选择峡江坝址流量 $20000m^3/s$ (略大于坝址 20 年一遇设计洪峰流量)作为峡江水库为下游防洪的防洪控泄起始流量,选取 200 年一遇坝址的设计洪峰流量 $26600m^3/s$ 作为特大洪水峡江水库的敞泄起始流量。

峡江水库调度运用方案分防洪调度和兴利调度两种调度运用方案。根据工程设计阶段选定的调度运行分界流量参数:当峡江坝址流量不小于 $5000m^3/s$ 或吉安站流量不小于 $4730m^3/s$ 时,峡江水库进入防洪调度运用方案运行;当峡江坝址流量小于 $5000m^3/s$ 或吉安站流量小于 $4730m^3/s$ 时,峡江水库进入兴利调度运用方案运行。

1.6.1.2 防洪调度运用方案

当峡江坝址流量不小于 $5000m^3/s$ 或吉安站流量不小于 $4730m^3/s$ 时,峡江水库进入防洪调度运用方案运行,即峡江水库按照洪水调度运行方式进行调度。峡江水库洪水调度运行方式又分降低坝前水位运行方式、拦蓄洪水为下游防洪运行方式和敞泄洪水运行方式。

1. 降低坝前水位运行方式

当峡江坝址来水流量为 $5000\sim20000m^3/s$ 或吉安站流量为 $4730\sim19200m^3/s$ 时,峡江水库采取降低坝前水位运行方式运行,并对坝前水位进行动态控制的洪水调度运行方式进行调度。设计阶段通过对水库的淹没影响、机组的发电效益以及涨洪水时预降水位和洪水消退时回蓄的协调分析,将峡江坝址 $5000\sim20000m^3/s$ 流量分成 4 段,确定其各流量级降低坝前水位的运行分界流量及相应的动态控制水位。

编制《运用方案》时根据典型年份大洪水的调度情况和坝址下游河段两岸堤防的御洪能力以及设计回水水面线的推算和选用原则、下游沿河两岸低标准堤防对水库预泄的要求，将峡江坝址 5000～20000m³/s 流量分成 5 段，调整后的峡江水库各流量段设置及相应的动态控制坝前水位范围见表 1.6-1。

表 1.6-1　调整后的峡江水库各流量段设置及相应的动态控制坝前水位范围

峡江坝址流量/(m³·s⁻¹)	5000～9000	9000～12000	12000～14500	14500～14800	14800～20000
吉安站流量/(m³·s⁻¹)	4730～8590	8590～11480	11480～13890	13890～14100	14100～19200
动态控制坝前水位/m	46.00～45.20	45.20～44.40	44.40～43.80	43.80～43.50	≥43.50

根据峡江水库的运用调度原则，当预报峡江坝址流量为 5000～20000m³/s 或吉安站流量为 4730～19200m³/s 时，按表 1.6-1 的流量分级和坝前水位的动态控制范围进行预泄和回蓄洪水，具体按以下规则进行洪水调度：

（1）当预报峡江坝址流量大于 5000m³/s 且不大于 9000m³/s（或预报吉安站流量位于表 1.6-1 的相应区间，下同）时，涨水段按水库的预泄控制条件尽快地将坝前水位降至 45.20m 运行，退水段则可按水库的回蓄控制条件将坝前水位回蓄至 45.20～46.00m 之间运行。

（2）当预报峡江坝址流量大于 9000m³/s 且不大于 12000m³/s 时，涨水段按水库的预泄控制条件尽快地将坝前水位降至 44.40m 运行，退水段则可按水库的回蓄控制条件将坝前水位回蓄至 44.40～45.20m 之间运行。

（3）当预报峡江坝址流量大于 12000m³/s 且不大于 14500m³/s 时，涨水段按水库的预泄控制条件尽快地将坝前水位降至 43.80m 运行，退水段则可按水库的回蓄控制条件将坝前水位回蓄至 43.80～44.40m 之间运行。

（4）当预报峡江坝址流量大于 14500m³/s 且不大于 14800m³/s 时，涨水段按水库的预泄控制条件降低坝前水位，其降低水位极限值为 43.50m；退水段则可按水库的回蓄控制条件将坝前水位回蓄至 43.50～43.80m 之间运行。

（5）当预报峡江坝址流量大于 14800m³/s 且不大于 20000m³/s 时，涨水段按水库的预泄控制条件降低坝前水位，当泄水闸仅能按上游来水流量泄流时，坝前水位随来水流量的大小由其自然升降；退水时，当坝前水位退至 43.50～43.80m 时可按水库的回蓄控制条件将坝前水位回蓄至 43.50～43.80m 运行。

2. 拦蓄洪水为下游防洪运行方式

当峡江库水位低于防洪高水位 49.00m、预报坝址的来水流量为 20000～26600m³/s 时，峡江水库采用拦蓄洪水为下游防洪运行方式进行调度。该防洪运行方式采用固定泄量并分洪水的主要来源，按"大水多放、小水少放"（坝址上游来水为主）、"区间来水小多放、区间来水大少放"的泄洪原则进行；并依据坝前水位、上游来水流量和坝址至防洪控制断面区间流量 3 个判别指标进行拦蓄洪水，控制泄量为下游防洪的调度运行方式进行调度。具体的操作按表 1.6-2 中峡江水库为下游防洪的洪水调度规则进行。

表 1.6-2　　　　　　　　　峡江水库为下游防洪的洪水调度规则

库水位	规　则				
45.00m＜库水位 ≤48.40m	由峡江 流量判断	峡江坝址流量 $Q_{峡坝}$	$20000＜Q_{峡坝}≤21500$	$21500＜Q_{峡坝}≤23500$	$Q_{峡坝}＞23500$
		峡江下泄流量 q_1	$q_1＝Q_{峡坝}$	$q_1＝20000$	$q_1＝22000$
	由茅洲 流量判断	前 6h 茅洲站流量 $Q_{茅}$	$Q_{茅}＜1500$	$Q_{茅}≥1500$	
		峡江下泄流量 q_2	$q_2＝Q_{峡坝}$	$q_2＝17000$	
48.40m＜库水位 ≤49.00m	由峡江 流量判断	峡江坝址流量 $Q_{峡坝}$	$Q_{峡坝}≤22000$	$22000＜Q_{峡坝}≤24000$	$Q_{峡坝}＞24000$
		峡江下泄流量 q_1	$q_1＝Q_{峡坝}$	$q_1＝22000$	$q_1＝24000$
	由茅洲 流量判断	前 6h 茅洲站流量 $Q_{茅}$	$Q_{茅}＜1800$	$Q_{茅}≥1800$	
		峡江下泄流量 q_2	$q_2＝Q_{峡坝}$	$q_2＝17000$	
库水位＞49.00m	由峡江 流量判断	峡江坝址流量小于 26600m³/s 时，按来水流量下泄			
		峡江坝址流量不小于 26600m³/s 时，按泄流能力下泄，以保闸坝安全，但最大下泄 流量应小于等于本次洪水的洪峰流量			

注　1．流量单位：m³/s。

　　2．峡江坝址流量在 20000m³/s 以下，水库不拦蓄洪水。

　　3．水库拦蓄洪水时，取 q_1 与 q_2 的较小值下泄。

　　4．退水段，峡江坝址流量小于 19000m³/s 时，水库按 19000m³/s 下泄腾空库容，以便迎接下场洪水。

3．敞泄洪水运行方式

当峡江水库水位达到防洪高水位 49.00m、坝址来水流量达到或超过峡江水库的敞泄起始流量 26600m³/s（坝址 200 年一遇设计洪峰流量），且洪水继续上涨时，开启全部泄水闸门敞泄洪水，以保闸坝运行安全，但应控制其下泄流量不超过本次洪水的洪峰流量。

4．水库预泄和回蓄控制条件

（1）水位升降控制条件。峡江泄水闸在加大流量预泄和减小流量回蓄时，要求按照式（1.3-1）规则进行调度，其中泄水闸加大流量预泄和减小流量回蓄时 $Q_{泄 i-1}$ 与 ΔQ 的关系见表 1.6-3。按照式（1.3-1）规则且依据表 1.6-3 中的 $Q_{泄 i-1}$ 与 ΔQ 的关系增减泄量，才能满足坝址上下游航运及河岸坡稳定的要求。

表 1.6-3　　　　加大流量预泄和减小流量回蓄时 $Q_{泄 i-1}$ 与 ΔQ 关系表　　　　单位：m³/s

加大下泄流量降低水位过程		减小流量回蓄过程	
$Q_{泄 i-1}$	ΔQ	$Q_{泄 i-1}$	ΔQ
		$Q_{泄 i-1}≥12000$	2220
$2000≤Q_{泄 i-1}＜3500$	1000	$12000＞Q_{泄 i-1}≥9000$	1860
$3500≤Q_{泄 i-1}＜5000$	1260	$9000＞Q_{泄 i-1}≥7000$	1640
$5000≤Q_{泄 i-1}＜7000$	1470	$7000＞Q_{泄 i-1}≥5000$	1470
$7000≤Q_{泄 i-1}＜9000$	1640	$5000＞Q_{泄 i-1}≥4000$	1260
$9000≤Q_{泄 i-1}＜12000$	1860	$4000＞Q_{泄 i-1}≥3000$	1050
$12000≤Q_{泄 i-1}＜14500$	2220	$3000＞Q_{泄 i-1}≥2000$	850
$Q_{泄 i-1}≥14500$	2480	$2000＞Q_{泄 i-1}≥1500$	700

（2）预泄时最大下泄流量控制条件。峡江水库防洪调度时，遇坝址流量大于5000m³/s或吉安站流量大于4730m³/s时即需加大下泄流量降低坝前水位运行。为了避免造成较大的人为洪水，应对预泄时的最大泄量进行控制。编制《运用方案》时，调整后的峡江水库各流量级预泄时最大泄量见表1.6-4。

表1.6-4   调整后的峡江水库各流量级预泄时最大下泄量

峡江坝址流量 /(m³·s⁻¹)	吉安站流量 /(m³·s⁻¹)	动态控制坝前水位 /m	预泄时下泄流量 /(m³·s⁻¹)	预泄时最大下泄流量 /(m³·s⁻¹)
5000~9000	4730~8590	46.00~45.20	5000~10800	10800
9000~12000	8590~11480	45.20~44.40	9000~13000	13000
12000~14500	11480~13890	44.40~43.80	12000~14800	14800
14500~14800	13890~14100	43.80~43.50	14800	14800
14800~20000	14100~19200	≥43.5	上游来水流量	上游来水流量

遇赣江涨水、预泄加大下泄流量降低坝前水位时，按以下规则控制最大泄量（泄量为发电流量与泄水闸的泄水流量之和）：

1）将峡江坝前水位由46.00m降至45.20m（预报坝址流量介于5000~9000m³/s之间，吉安站为相应流量区间，下同）时，预泄时按5000~10800m³/s流量下泄，下泄最大流量应控制不超过10800m³/s（坝址2年一遇设计洪峰流量）。电站正常发电。

2）将峡江坝前水位由45.20m降至44.40m（预报坝址流量介于9000~12000m³/s之间）时，预泄时按9000~13000m³/s流量下泄，下泄最大流量应控制不超过13000m³/s（坝址3年一遇设计洪峰流量），且不大于本次洪水的洪峰流量（24h以内的洪水预报值）。当坝址流量大于10500m³/s或吉安站流量大于10040m³/s时，电站的水轮发电机组关闭，停止发电。

3）将峡江坝前水位由44.40m降至43.80m（预报坝址流量介于12000~14500m³/s之间）时，预泄时按12000~14800m³/s流量下泄，下泄最大流量应控制不超过14800m³/s（坝址5年一遇设计洪峰流量），且不大于本次洪水的洪峰流量（24h以内的洪水预报值）。

4）当预报峡江坝址上游的来水流量处于14500~14800m³/s区间段（吉安站流量为相应区间段，下同）时，预泄时按14800m³/s流量下泄，将水库的坝前水位控制在43.80~43.50m区间内。

5）当预报峡江坝址上游的来水流量处于14800~20000m³/s区间段时，水库按照上游的来水流量下泄，将坝前水位控制在43.50m或随坝下的水位上涨由其自然上升。

（3）水库回蓄时最小下泄流量控制条件。遇赣江退水时，峡江水库需减小泄量，使库水位尽快回蓄至动态控制坝前水位范围内的相应水位，以便发挥正常的兴利功能。为了避免回蓄时水库减小的下泄流量太大，编制《运用方案》时，按不同的坝址上游来水流量级限制其回蓄时的最小泄量，见表1.6-5。

表 1.6－5		峡江坝址上游来水流量与水库回蓄时最小下泄流量关系		
峡江坝址流量 /(m³·s⁻¹)	吉安站流量 /(m³·s⁻¹)	动态控制坝前水位 /m	回蓄时下泄流量 /(m³·s⁻¹)	回蓄时最小下泄流量 /(m³·s⁻¹)
≤5000	≤4730	46.00～45.20	1000～5000	1000
5000～9000	4730～8590	45.20～44.40	3000～9000	3000
9000～12000	8590～11480	44.40～43.80	6000～12000	6000
12000～14500	11480～13890	43.80～43.50	12000～14500	8000
14500～20000	13890～19200	≥43.50	14500～20000	上游来水流量

1.6.1.3　兴利调度运用方案

当峡江坝址上游来水流量小于防洪与兴利运行分界流量（坝址 5000m³/s，吉安站 4730m³/s）时，峡江水库坝前水位控制在 46.00m（正常蓄水位）至 44.00m（死水位）之间运行，按照江西电网的供电需求、坝址上游的航运要求、峡江库区和坝址下游沿江两岸农田的灌溉用水要求进行兴利调度。为了充分利用水力资源，并考虑满足峡江各防护区内的农田灌溉要求，在满足各部门的兴利用水要求前提下，尽可能使库水位维持在较高水位上运行，以利于多发电；特别是在每年 4—10 月的农田灌溉用水高峰期，峡江水库的坝前水位至少维持在 45.30m 及以上。峡江电站考虑坝址下游的航运、城镇居民生活和工农业生产用水要求，最小下泄流量应不小于 221m³/s，相应的基荷出力为 27MW。若赣江发生中等洪水，坝址流量大于 10500m³/s 或吉安站流量大于 10040m³/s 时，水轮发电机组关闭，停止发电。

1.6.1.4　船闸运行调度方案

1. 工程设计情况及通航流量范围复核

依据赣江航道发展规划，峡江水利枢纽通航设施按照Ⅲ级航道 1000t 级船闸进行设计和实施。设计阶段依据《内河通航标准》（GB 50139—2004）和《船闸总体设计规范》（JTJ 305—2001），船闸的设计最高通航水位按 20 年一遇洪水标准确定，设计最低通航水位按保证率 98% 确定。根据水文分析计算成果，船闸的通航流量范围为 221～19700m³/s。

峡江船闸按上游最高通航水位 46.00m、最低通航水位 42.70m 和下游最高通航水位 44.10m、最低通航水位 30.30m 设计和实施。

编制《运用方案》时，依据 1953—2013 年共 61 年的坝址流量统计分析，在峡江站实测水文资料中，坝址超过 5 年或 10 年一遇洪峰流量的机会很少，61 年中仅有 6 年共 26.21 天超过 14800m³/s（5 年一遇洪峰流量），仅有 3 年共 4.13 天超过 17400m³/s（10 年一遇洪峰流量）。因此，将峡江船闸的通航流量范围调整为 221～17400m³/s。

2. 船闸运行调度方案

（1）当峡江坝址流量为 221～17400m³/s，且坝前水位为 42.70～46.00m、坝下水位为 30.30～44.10m 时，峡江船闸按船只过往闸坝的需求正常通航。

（2）当峡江坝址流量小于 221m³/s 或大于 17400m³/s 时，峡江船闸停止通航。

（3）当峡江坝前水位低于 42.70m 或高于 46.00m 时，峡江船闸停止通航。

（4）当峡江坝下水位低于 30.30m 或高于 44.10m 时，峡江船闸停止通航。

（5）当峡江水利枢纽所在区域下大雨或暴雨、船闸引航道左岸冲沟流量（横流）较大时，峡江船闸停止通航。

1.6.2　防护区排涝排渍调度运用方案

峡江库区内设置有同江、上下陇洲、柘塘、金滩、樟山、槎滩和吉水县城等 7 个防护区。峡江防护区排涝排渍调度运用方案主要是排涝站的运行调度方案。

1.6.2.1　排涝站设计流量及设计水位

工程设计阶段依据防护区的集水面积、排涝方式和区内的地形条件以及设计回水水面线分析确定各排涝站的设计流量和设计内、外水位，编制《运用方案》时根据施工期的地形详细测量资料、各排涝站的试运行和泵站机组的运行调试情况，对峡江防护区各排涝站的设计流量和水位进行了复核，并对少数排涝站的设计内水位进行了适当调整，调整后各排涝站设计流量和水位见表 1.6-6。

表 1.6-6　　　　　　　调整后的峡江各防护区排涝站设计流量和水位汇总表

防护区名称	排涝站名称	设计排涝流量/(m³·s⁻¹)	内水位/m				外水位/m			
			最高水位	最高运行水位	设计水位	最低运行水位	防洪水位	最高运行水位	设计水位	最低运行水位
同江	同江河口	66.7	43.00	42.00	40.00	38.00	48.80	48.30	46.20	44.40
	罗家	4.23	48.00	46.80	46.00	44.00	50.75	50.25	48.13	46.03
	坝尾	10.6	49.50	48.30	47.50	45.50	51.23	50.73	48.95	46.35
上下垅洲	下垅洲	4.56	44.20	43.50	42.50	40.50	46.86	46.56	46.26	44.70
柘塘	南园	19.5	43.00	41.80	41.00	39.50	48.53	47.71	46.93	46.05
	柘口	8.12	44.00	42.80	41.50	40.60	48.59	47.79	46.99	46.06
金滩	白鹭	4.57	45.00	43.40	42.50	41.00	48.67	47.86	47.07	46.06
樟山	舍边	12.3	46.20	45.00	44.20	42.20	50.31	49.50	48.67	46.12
	燕家坊	1.26	46.80	45.60	44.80	42.80	50.39	49.56	48.73	46.12
	落虎岭	0.59	47.50	46.30	45.00	43.50	50.47	49.65	48.82	46.12
	庙前	2.29	48.50	47.30	46.00	44.50	50.59	49.78	48.95	46.13
槎滩	窑背	13.5	44.50	43.00	42.00	41.00	47.99	47.14	46.57	45.91
吉水县	城北	5.92	45.50	44.30	43.50	42.00	51.26	50.76	48.77	46.09
	小江口	7.30	46.50	45.30	44.50	43.00	51.77	51.27	49.26	46.11
	城南	1.26	47.20	46.20	45.50	43.50	51.83	51.33	49.32	46.12

各排涝站的设计内水位还可随着工程运行资料的积累，根据防护区的实际情况和泵站机组的运行特性作适当调整。

1.6.2.2　各防护区排涝排渍调度运用方案

峡江库区内 7 个防护区中共设置了 15 座排涝站。经分析，有、无自排机会排涝站的排涝方式不同，城区排涝站与农村排涝站的排涝方式有区别。吉水县城防护区的 3 座排涝站属排除城区涝水的排涝站，同江防护区中的罗家、坝尾两座排涝站具有自排机会。而且排涝站的排涝排渍调度运行方式依据表 1.6-6 中的设计内水位进行，从表 1.6-6 中可知仅有柘塘防护区的柘口排涝站设计内水位与最低运行内水位之间的差值不足 1.0m。因此，此处分吉水县城防护区排涝站、有自排机会排涝站、柘口排涝站和其他排涝站四种类型叙述排涝站的排涝排渍调度运用方案。

1. 吉水县城防护区排涝站

吉水县城防护区位于赣江右岸、峡江库区的中段，距峡江坝址约 40km。防护区内设有城北、小江口、城南 3 座排涝站，均无自排机会，其排涝运行调度方式如下。

排涝站一般启用 1 台机组将内水位维持在最低运行内水位至其以上 0.5m 之间，区内遇强降水时，内水位上涨，当内水位超过最低运行内水位 0.5m 时，可根据降雨和来水情况，适当增加运行机组台数，开始排涝。强降雨期间，泵站前池及其附近排水涵管（水塘）中的水位将随降雨强度和降雨量的加大而升高，在确保机组运行安全的前提下，尽可能地将水位控制在设计内水位以下，必要时，实行满负荷运行。降雨强度减小或降雨停止，涝区内水位开始下降，当涝区水位降至最低运行内水位至其以上 0.5m 之间时，可适时减少运行机组，若内水位降至最低运行内水位及以下时，全部泵站机组可暂时停开，直至内水位达到最低运行内水位以上 0.5m 时再开机。

2. 有自排机会排涝站

峡江防护区的 15 座排涝站中只有同江防护区的罗家、坝尾排涝站有自排机会。同江防护区位于赣江左岸、峡江库区的坝前段，距峡江坝址约 15km。罗家、坝尾排涝站坐落在同江防护区西面的万福堤保护区内、新开同南河的入口附近，距赣江干流约 16km，两座排涝站均设有电排站和自排闸，有自排机会，其排涝运行调度方式如下。

（1）排涝期间（强降水期）。排涝站一般启用 1 台机组将内水位维持在一个适当的排渍水位区间内，区内遇强降水时，内水位上涨，当内水位达到设计内水位及其以下 0.5m 之间时，此时可根据内、外水位情况确定排水方式：如有自排机会，可打开自排闸，进行抢排，以减少排涝站运行费用；当无自排机会时，关闭自排闸，并根据降雨和来水情况，适当增加运行机组台数，开始排涝。强降雨期间，泵站前池及主排水通道水位将随降雨强度和降雨量的加大而升高，在确保机组运行安全的前提下，尽可能地将水位控制在设计内水位以下，必要时，实行满负荷运行。降雨强度减小或降雨停止，涝区内水位开始下降，当涝区水位降至最低运行内水位至其以上 0.5m 之间时，可适时减少运行机组，若内水位降至最低运行内水位及以下，全部泵站机组可暂时停开，直至内水位达到最低运行内水位以上 0.5m 时再开机。

（2）排渍期间（非强降水期）。坝尾排涝站在排渍期间有自排机会，罗家排涝站则无自排机会。

1）坝尾排涝站设计最低运行水位（排渍内水位）低于峡江水库的正常蓄水位，但高于水库的死水位，由降水及边山来水形成的涝水，有时可自排入江，有时需采用泵站抽排入江，以消除区内渍害。排渍期间可根据内、外水位情况确定排水方式：如有自排机会，可打开自排闸，进行自排，以减少排涝站运行费用；当无自排机会时，关闭自排闸，根据实际情况开启泵站机组，使防护区内水位维持在一个适当的排渍水位区间内，以免防护区内产生渍害（可根据坝尾排涝区内的地形和农作物种植情况，确定或调整排渍时最低运行内水位）。

2）罗家排涝站设计最低运行水位（排渍内水位）始终低于外水位，由降水及边山来水形成的涝水，需长年采用泵站抽排入江，以消除区内渍害。由于排渍期间来水一般不大，可根据实际情况开启泵站机组，使防护区内水位维持在一个适当的排渍水位区间内，以免防护区内产生渍害（可根据罗家排涝区内的地形和农作物种植情况，确定或调整排渍时最低运行内水位）。

3. 柘口排涝站

柘口排涝站位于柘塘防护区柘塘北堤保护区内，柘塘防护区坐落在赣江左岸、峡江库区的中段，距峡江坝址约 30km，设有南园、柘口 2 座排涝站。

柘口排涝站无自排机会，其排涝排渍运行调度方式如下。

（1）排涝期间（强降水期）。柘口排涝站一般启用 1 台机组将内水位维持在一个适当的排渍水位区间内，区内遇强降水时，内水位上涨，当内水位达到 41.20～41.50m 时，可根据降雨和来水情况，适当增加运行机组台数，开始排涝。强降雨期间，泵站前池及主排水通道水位将随降雨强度和降雨量的加大而升高，在确保机组运行安全的前提下，尽可能地将水位控制在设计内水位 41.50m 以下，必要时，实行满负荷运行。降雨强度减小或降雨停止，涝区内水位开始下降，当涝区水位降至 40.60～41.00m 后，可适时减少运行机组，若内水位降至最低运行内水位 40.60m 及以下，全部泵站机组可暂时停开，直至内水位达到 41.00m 时再开机。

（2）排渍期间（非强降水期）。柘口排涝站设计内水位始终低于外水位，由降水及边山来水形成的涝水，需长年采用泵站抽排入江，以消除区内渍害。由于排渍期间来水一般不大，可根据实际情况开启泵站机组，使防护区内水位维持在一个适当的排渍水位区间内，以免防护区内产生渍害（可根据柘塘北堤保护区内的地形和农作物种植情况，确定或调整排渍时最低运行内水位）。

4. 其他排涝站

峡江库区内 7 个防护区中还有同江河口、下陇洲、南园、白鹭、舍边、燕家坊、落虎岭、庙前、窑背共 9 座排涝站。

同江河口排涝站位于同江防护区的同江老河口处，利用同江下游老河道进行调蓄；下陇洲排涝站位于上下陇洲防护区内、赣江左岸、上下陇洲防洪堤中段，距峡江坝址约 18km；南园排涝站位于柘塘防护区的柘塘南堤保护区内；白鹭排涝站位于金滩防护区的金滩防洪堤下游段堤内，金滩防护区坐落在赣江左岸、峡江库区的中段，距峡江坝址约 35km；舍边、燕家坊、落虎岭、庙前 4 座排涝站分别位于樟山防护区的樟山堤、燕家坊堤、落虎岭堤和奶奶庙堤保护区内，距文石河与赣江的汇合口约 2～5km，樟山防护区坐落在赣江左岸、峡江库区的中段，距峡江坝址约 44km；窑背排涝站位于槎滩防护区内，槎滩防护区坐落在赣江右岸、峡江库区的中段，距峡江坝址约 27km。该 9 座排涝站均属农村排涝站，无自排机会，其排涝排渍运行调度方式如下。

（1）排涝期间（强降水期）。排涝站一般启用 1 台机组将内水位维持在一个适当的排渍水位区间内，区内遇强降水时，内水位上涨，当内水位达到设计内水位至其以下 0.5m

之间时，可根据降雨和来水情况，适当增加运行机组台数，开始排涝。强降雨期间，泵站前池及主排水通道水位将随降雨强度和降雨量的加大而升高，在确保机组运行安全的前提下，尽可能地将水位控制在设计内水位以下，必要时，实行满负荷运行。降雨强度减小或降雨停止，涝区内水位开始下降，当内水位降至最低运行内水位至其以上 0.5m 之间后，可适时减少运行机组，若内水位降至最低运行内水位及以下，全部泵站机组可暂时停开，直至内水位达到最低运行内水位以上 0.5m 时再开机。

（2）排渍期间（非强降水期）。同江河口、下陇洲、南园、白鹭、舍边和窑背 6 座排涝站的设计内水位始终低于外水位，燕家坊、落虎岭和庙前 3 座排涝站的设计内水位有时虽高于外水位，但其排涝区适宜农作物正常生长所需的地下水位始终低于峡江库区水位，因此，该 9 座排涝站均需长年采用泵站将由降水及边山来水形成的涝水抽排入江，以消除区内渍害。各排涝站具体的排渍运行方式为：由于排渍期间来水一般不大，可根据实际情况开启泵站机组，使防护区内水位维持在一个适当的排渍水位区间内，以免防护区内产生渍害（可根据各堤防保护区内的地形和农作物种植情况，确定或调整各排涝站排渍时的最低运行内水位）。

1.6.3 超标准洪水的应对措施及启用条件

1.6.3.1 枢纽工程

峡江水利枢纽工程坝址区有泄水闸、混凝土挡水坝、电站厂房、船闸、灌溉总进水闸和鱼道等水工建筑物，还有副厂房、GIS 室、中控楼等建筑物。工程设计标准为正常运行标准的上限，因此，将设计洪水标准作为超标准洪水的启用条件。峡江水利枢纽坝址区各建筑物的设计洪水标准及超标准洪水启用条件和应对措施见表 1.6-7。

表 1.6-7　坝址区各建筑物的设计洪水标准及超标准洪水启用条件和应对措施

建筑物名称	设计标准（启用条件）		坝址发生超过设计标准洪水时须采取的应对措施
	洪水重现期 /a	洪峰流量 /(m³·s⁻¹)	
枢纽工程永久挡水建筑物	500	29100	泄水闸全开敞泄洪水
厂房结构（非挡水部分）、安装间、副厂房、GIS 室、中控楼	100	24600	转移室内可以搬动的贵重财物，撤出室内全部人员
船闸下闸首、闸室、鱼道（非挡水部分）	20	19700	
消能设施	100	24600	
下游防洪保护对象（提高南昌市城区的防洪标准）	200	26600	泄水闸全开敞泄洪水

注　1. 枢纽工程永久挡水建筑物指的是泄水闸、混凝土挡水坝、厂房（上游侧）、船闸上闸首、鱼道上游防洪闸、灌溉总进水闸、鱼道补水函防洪闸等。

　　2. 下游防洪保护对象主要是赣东大堤保护区和南昌市城区。

峡江水库的设计洪水标准为 100 年一遇，水库为保障下游防洪保护对象安全度汛的上限标准为 200 年一遇。因此，当预报峡江坝址流量超过 24600m³/s（发生超过 100 年一遇洪水）时，应及时转移电站厂房、安装间、副厂房、GIS 室、中控楼内可以搬动的贵重财物，并撤出室内全部人员；当预报峡江坝址流量超过 26600m³/s（发生超过 200 年一遇洪水）时，峡江泄水闸应全部敞开泄洪，不允许拦蓄洪水，以保障峡江枢纽闸坝的运行安全。

1.6.3.2　库区防护工程

峡江库区设置有同江、上下陇洲、柘塘、金滩、樟山、槎滩和吉水县城等 7 个防护区，在 7 个防护区内设有 15 座排涝站。与坝址区枢纽工程相同，将设计洪水标准作为防护工程超标准洪水的启用条件。各防护区中的防洪堤和排涝站采用的设计洪水标准及超标准洪水的启用条件见表 1.6-8。

表 1.6-8　　　　　　　　峡江库区的设计标准洪水及超标准洪水的启用条件

序号	防护区名称	防洪堤名称	相应设计标准（启用条件）			排涝站名称	相应设计标准（启用条件）		
			洪水重现期/a	洪峰流量/(m³·s⁻¹)			洪水重现期/a	洪峰流量/(m³·s⁻¹)	
				吉安站	峡江坝址			吉安站	峡江坝址
1	同江	万福堤	20	18500	19700	罗家	20	18500	19700
						坝尾	20	18500	19700
2		同赣堤	50	21300	22500	同江口	50	21300	22500
3		同南河堤	50	21300	22500				
4	吉水县城	城南堤	50	21300	22500	小江口	50	21300	22500
5						城南	50	21300	22500
6		城北堤	50	21300	22500	城北	50	21300	22500
7	上下陇洲	上下陇洲堤	20	18500	19700	下陇洲	20	18500	19700
8	柘塘	柘塘北堤	10	16300	17400	南园	20	18500	19700
9		柘塘南堤	10	16300	17400	柘口	10	16300	17400
10	金滩	金滩堤	10	16300	17400	白鹭	10	16300	17400
11	樟山	燕家坊堤	10	16300	17400	燕家坊	10	16300	17400
12		落虎岭堤	10	16300	17400	落虎岭	10	16300	17400
13		奶奶庙堤	10	16300	17400	庙前	10	16300	17400
14		樟山堤	10	16300	17400	舍边	20	18500	19700
15	槎滩	槎滩堤	10	16300	17400	窑背	20	18500	19700

当预报峡江库区将发生超过某防护区防洪堤的设计洪水标准时，相应防护区即须启动超标准洪水的应对措施，及时转移防护区和排涝站内可以搬动的贵重财物，并撤出防护区和排涝站内全部人员。

1.6.3.3　坝址下游的分蓄洪工程

峡江水利枢纽为下游防洪时须合理地进行峡江水库的防洪调度，并配合坝址下游泉港分蓄洪区的合理运用，才能实现赣东大堤保护区和南昌市城区提高防洪标准的目的。

1. 泉港分蓄洪区及其分洪调度规则

泉港分蓄洪区位于赣江下游西岸的樟树、丰城、高安三市境内。分蓄洪工程由泉港分洪闸、粮洲堤和肖江堤、蓄洪区等部分组成。

峡江水库为下游防洪的标准分为两档：一是保障大堤安全度汛的洪水标准为100年一遇；二是保障南昌市城区防洪安全的洪水标准为200年一遇。设计阶段选择石上水文站为工程的主要防洪控制断面，石上站50年一遇和100年一遇的设计洪峰流量分别为22800m³/s和24800m³/s，泉港闸50年一遇和100年一遇闸外赣江的设计洪水位分别为32.13m和32.67m。

赣江下游兴建泉港分蓄洪区的主要目的是在赣江下游洪水流量超过其河道安全泄量情况下，适时开闸分洪，降低赣江下游洪水位，以保障赣东大堤和南昌市防洪堤的度汛安全。因此，峡江水利枢纽工程设计阶段确定的泉港分蓄洪区的分洪调度规则为：当泉港分洪闸上游赣江流量超过22800m³/s（峡江水库下泄流量演算至防洪控制断面石上站再加区间流量，实际调度时可以上游樟树站流量指示，下同）或闸外赣江水位达到32.13m且洪水继续上涨时，打开泉港分洪闸实施分洪，分洪时控制闸门开启高度，使闸外赣江水位维持在32.13m不变，此时泉港分洪闸处于正常运用状态；当预测赣江下游洪水流量将达到24800m³/s（依据吉安站、区间来水预测）时，可关闭泉港分洪闸，当峡江库水位在防洪高水位49.00m以下且赣江下游樟树站流量达到24800m³/s或泉港分洪闸闸外水位达到32.67m时，可重新开启泉港分洪闸继续分洪，泉港分蓄洪工程进入非常运用状态。

2. 泉港分蓄洪区启用条件及应对措施

泉港分洪闸正常运用时，石上站的河道安全泄量为22800m³/s；非常运用时，石上站的河道极限泄量为24800m³/s。泉港分洪闸正常运用时，闸外赣江洪水位为32.13m；非常运用时，闸外赣江洪水位为32.67m。因此，将石上站流量22800m³/s和泉港分洪闸闸外赣江水位32.13m作为赣江下游遇超标准洪水时泉港分洪闸正常运用的启用条件，将石上站流量24800m³/s和泉港分洪闸闸外赣江水位32.67m作为赣江下游遇超标准洪水时泉港分洪闸非常运用的启用条件。

当预报石上站流量将超过22800m³/s（赣江下游发生超过50年一遇洪水）时，应及时转移泉港分蓄洪区内可以搬动的贵重财物，并撤出分蓄洪区内全部人员，当泉港分洪闸闸外赣江水位达到32.13m且洪水继续上涨时，打开泉港分洪闸为赣东大堤安全度汛实施分洪；当预报石上站流量将超过24800m³/s（赣江下游发生超过100年一遇洪水），但流量为22800～24800m³/s时，关闭泉港分洪闸（仍须保持泉港分蓄洪区内的人和物撤出状态），准备为南昌市的防洪安全进行第二次分洪，分洪闸闸外赣江水位上涨；当泉港分洪闸闸外赣江水位达到32.67m，且洪水继续上涨时，打开泉港分洪闸为南昌市的防洪安全实施第二次分洪。赣江下游发生超标准洪水时的应对措施及启用条件见表1.6-9。

3. 结束分洪及关闭分洪闸条件

当满足下列条件之一时，关闭泉港分洪闸，本次分洪结束。当闸外赣江水位退至低于闸内水位时，打开泉港分洪闸，将分蓄洪区内的滞蓄水量排入赣江。

(1) 当预报石上站洪峰流量为22800～24800m³/s、洪水处于退水段、后期流量小于22800m³/s，且分洪闸外赣江水位低于32.13m时。

(2) 当预报石上站洪峰流量为24800～26600m³/s、洪水处于退水段、后期流量小于24800m³/s，且分洪闸外赣江水位低于32.67m时。

表 1.6 - 9   赣江下游发生超标准洪水时的应对措施及启用条件

赣江下游防洪控制 代表断面名称		设计洪水标准（启用条件）			赣江下游发生超标准洪 水时须采取的应对措施
		洪水重现期 P/a	赣江水位 H/m	洪峰流量 Q /$(m^3 \cdot s^{-1})$	
泉港分洪闸 正常运用状态	石上站	50		预报 $Q \geqslant 22800$	转移泉港分蓄洪区内可以搬动的贵重 财物，撤出分蓄洪区内全部人员，为赣 东大堤安全度汛进行分洪
	泉港闸	50	32.13		
泉港分洪闸 处于关闭状态	石上站	$50 < P \leqslant 100$		预报 $Q \geqslant 24800$，但 $22800 < Q \leqslant 24800$	仍须保持泉港分蓄洪区内的人和物撤 出状态，关闭泉港分洪闸，准备为南昌 市的防洪安全进行第二次分洪
	泉港闸	$50 < P \leqslant 100$	$32.13 < H$ $\leqslant 32.67$		
泉港分洪闸非常 运用状态	石上站	100		24800	仍须保持泉港分蓄洪区内的人和物撤 出状态，为南昌市的防洪安全进行第二 次分洪
	泉港闸	100	32.67		

1.7 水库预泄对下游防洪影响分析

为了减少峡江库区淹没损失，峡江水库进入防洪调度运行方式后，当预报峡江坝址来水流量在 5000～20000m³/s 之间时，水库采取降低坝前水位方式运行并对坝前水位进行动态控制的洪水调度运行方式进行调度。降低坝前水位须采取提前加大泄量进行预泄方式才能达到目的。

1.7.1 坝址下游堤防在典型断面的安全泄量

据调查，经过多年的建设，赣江流域已基本形成了以堤防为主的防洪工程体系。目前已建堤防中除赣东大堤和新干县城防洪堤基本达到其设计防洪标准外，其他堤防普遍存在堤身矮小、险工险段多等问题。峡江坝址下游沿江两岸及支流河口附近分布有 32 座防洪堤中，除了赣东大堤防洪标准达 50 年一遇和新干县城防洪堤达 30 年一遇外，绝大多数堤防目前只能抵御 5 年一遇或 5～10 年一遇洪水，丰城市的官港堤和万石圩目前的防洪标准仅为 4 年一遇、泉山防洪堤仅为 3 年一遇。而且，巴邱镇城区目前仍未建设防洪堤，其御洪能力仅为 5 年一遇。

峡江水库降低坝前水位加大泄量预泄时对下游防洪影响分析选择在峡江坝下和石上水文站 2 个典型断面进行。根据峡江水利枢纽工程设计报告中的水文分析计算成果可知：在峡江坝下和石上站断面，能抵御 50 年一遇洪水堤防的安全泄量分别为 22500m³/s 和 22800m³/s，能抵御 20 年一遇洪水堤防的安全泄量分别为 19700m³/s 和 19900m³/s，能抵御 10 年一遇洪水堤防的安全泄量分别为 17400m³/s 和 17700m³/s，能抵御 5 年一遇洪水堤防的安全泄量分别为 14800m³/s 和 15200m³/s，能抵御 3 年一遇洪水堤防的安全泄量分别为 13000m³/s 和 13400m³/s。

对于巴邱镇河段（靠近峡江站下游河段）和石上站附近河段而言，现状条件下巴邱镇河段的安全泄量为 14800m³/s，石上站附近河段的安全泄量为 22800m³/s。

1.7.2　水库预泄时下泄流量极限值

为了减少峡江库区淹没损失，当吉安站流量达到 4730m³/s 或者预报峡江坝址流量达到 5000m³/s 时，峡江水库须进入预泄降低坝前水位运行。涨水时，为了尽快降低坝前水位和库内沿程水位，水库须采取预泄方式加大泄水闸的下泄流量。即：当峡江坝址流量为 5000～20000m³/s 或吉安站流量为 4730～19200m³/s 时，峡江水库须采取预泄方式将坝前水位自 46.00m 尽快分级下降至动态控制坝前水位范围的相应下限水位，直至敞泄洪水基本恢复天然状态。

当峡江坝址上游来水流量小时预泄时的最大下泄流量也小。当坝址流量为 5000～9000m³/s 时，预泄时下泄流量的最大值为 10800m³/s，仅为坝址的 2 年一遇设计洪峰流量；当坝址流量为 9000～12000m³/s 时，预泄时下泄流量的最大值为 13000m³/s，仅为坝址的 3 年一遇设计洪峰流量；当坝址流量超过 12000m³/s 时，预泄时下泄流量的最大值为 14800m³/s，也只是坝址的 5 年一遇设计洪峰流量。

1.7.3　各大水年洪水调度流量特征值比较分析

峡江水库预泄对下游防洪的影响主要是水库降低坝前水位时加大下泄流量是否对下游的防洪造成不利的影响。本次选择峡江站年最大实测洪峰流量超过 13000m³/s（坝址 3 年一遇设计洪峰流量）年份的大洪水进行峡江水库的洪水调度。

通过对 15 年共 16 次大洪水的峡江站流量实测，按峡江水库洪水调度规则和"水库预泄和回蓄控制条件"进行洪水调度，经统计：赣江发生 3 年一遇以上洪水时，峡江水库的入库与出库洪峰流量相等；由于峡江水库预泄时为较短时间地加大泄量，虽然预泄时最大的泄量不大（不大于坝址 5 年一遇洪峰流量），但会产生涨落较陡的洪水波，洪水波向下游传播时会坦化滞后，石上站受峡江水库预泄影响后的洪峰流量虽有所加大，但差值较小。

1.7.4　水库预泄对下游防洪影响

根据峡江坝址上游来水流量与预泄时最大下泄流量的关系以及峡江水库的入库与出库流量、受峡江水库预泄影响前与影响后的石上站流量特征值比较可知：当峡江坝址上游来水流量小时预泄时的最大下泄流量也小，各流量级预泄降低坝前水位时预泄流量的最大值为 10800～14800m³/s，仅为坝址 2～5 年一遇设计洪峰流量；而且当入库流量超过 14800m³/s（坝址 5 年一遇设计洪峰流量）时出库流量即恢复到入库流量，即此时不加大下泄流量。从上述的分析中可以看出，峡江水库预泄降低坝前水位时只在坝址流量小于 14800m³/s 的时间段进行，水库预泄时加大的泄量不会对坝下断面的防洪产生不利影响，对石上站的流量影响也较小。

总体而言，峡江水库预泄加大下泄流量对下游防洪的影响较小，基本上不会加重坝址下游的防洪负担。

1.8　结 论 与 建 议

1.8.1　研究结论

1.8.1.1　峡江枢纽工程调度运用方案

峡江枢纽工程调度运用方案包括防洪调度运用方案、兴利调度运用方案和船闸调度运用方案。

1. 防洪调度运用方案

峡江枢纽工程的防洪调度依据预报的各控制断面洪水过程并结合坝前水位进行。其中，水库预泄降低坝前水位运行时还需对坝前水位进行动态控制，以达到不增加库区的淹没损失且基本上不增加坝址下游沿江两岸堤防防洪负担的目的。

峡江坝址流量不小于 $5000 \mathrm{m}^3/\mathrm{s}$ 或吉安站流量不小于 $4730 \mathrm{m}^3/\mathrm{s}$ 时，峡江枢纽工程按照防洪调度运行方式调度，即峡江水库进入洪水调度运行方式。峡江水库洪水调度运行方式又分降低坝前水位运行方式、拦蓄洪水为下游防洪运行方式和敞泄洪水运行方式。峡江枢纽工程采用的分级降低水位式防洪调度运用方案较复杂。

2. 兴利调度运用方案

当预报峡江坝址流量小于 $5000 \mathrm{m}^3/\mathrm{s}$ 或预报吉安站流量小于 $4730 \mathrm{m}^3/\mathrm{s}$（小水）时，峡江水库水位控制在 $46.00 \sim 44.00 \mathrm{m}$ 之间运行，按照发电、航运、灌溉等兴利要求进行调度。为了充分利用水力资源，并考虑满足各防护区内的农田灌溉要求，在满足各部门的兴利用水要求前提下，尽可能使库水位维持在较高水位上运行，以利多发电；尤其是在每年的 4—10 月农田灌溉用水高峰期，库水位至少维持在 $45.30 \mathrm{m}$ 及以上。峡江电站考虑坝址下游的航运、两岸居民的生活和工业生产以及河道内的生态用水要求，最小下泄流量不小于 $221 \mathrm{m}^3/\mathrm{s}$，相应的基荷出力为 27MW。若赣江发生中等洪水，坝址流量大于 $10500 \mathrm{m}^3/\mathrm{s}$ 或吉安站流量大于 $10040 \mathrm{m}^3/\mathrm{s}$ 时，水轮发电机组关闭，停止发电。

3. 船闸调度运用方案

当峡江坝址流量为 $221 \sim 17400 \mathrm{m}^3/\mathrm{s}$，且坝前水位为 $42.70 \sim 46.00 \mathrm{m}$、坝下水位为 $30.30 \sim 44.10 \mathrm{m}$ 时，峡江船闸按船只过往闸坝的需求正常通航。

其他时间以及下大雨或暴雨，船闸引航道左岸冲沟流量（横流）较大时，峡江船闸均停止通航。

1.8.1.2　防护区排涝排渍调度运用方案

峡江库区内设置有同江、上下陇洲、柘塘、金滩、樟山、槎滩和吉水县城 7 个防护区。防护区排涝排渍调度运用方案主要是各排涝站的运行调度方案。

峡江防护区各排涝站的运行调度方式一般是：在排涝期间（强降水期）按照表 1.6 - 6 中的设计内水位至其以下 0.5m 之间开启泵站机组进行排除区内涝水，在排渍期间（非强降水期）按照表 1.6 - 6 中的设计内水位与最低运行内水位之间的某一排渍水位区间开启泵站机组进行排除区内渍水。设有自排闸的防护区，则需根据内、外水位情况确定排水方式：如有自排机会，可打开自排闸进行抢排，以减少排涝站运行费用；若无自排机会时，关闭自排闸，则利用排涝泵站将区内积水抽排入江。

1.8.2 问题与建议

1.8.2.1 问题

（1）坝下水位-流量关系线较初设成果有所抬高。

编制《运用方案》时依据 2014 年 3—9 月峡江坝下实测水位与峡江站实测水位查 2013 年线所得流量分析绘制的峡江坝下水位-流量关系线，中、低水部分比初设阶段分析绘制的峡江坝址水位-流量关系线要高，同一流量条件下水位高出的最大值约 0.5m。水位抬高的原因可能是工程的施工围堰清除不彻底或被冲至下游以及其他原因造成近几年峡江站水位-流量关系线抬高所致。坝下水位-流量关系线的抬高，将影响到泄水闸的泄流，并减少电站的发电水头。但编制《运用方案》时对坝下水位-流量关系线复核依据观测的水位资料时间短，且流量仅采用峡江站实测水位查 2013 年线所得，而不是相应时间的实测流量，编制《运用方案》时所分析绘制的峡江坝下水位-流量关系线精度有限。

（2）部分排涝站设计内水位可能需作进一步复核和调整。

工程设计阶段大部分防护区内未测绘大比例的详细地形图，多数排涝站的设计内水位在 1:10000 航测图上分析确定。编制《运用方案》时依据各防护区内的大比例详细地形图和排涝站短时间的试运行情况，对柘塘防护区的柘口排涝站、樟山防护区的庙前排涝站和落虎岭排涝站以及吉水县城防护区的城南排涝站的设计内水位进行了调整。部分排涝站在近几年的运行中，还会出现一些目前不明的问题。因此，还需对由于设计内水位设置不妥而出现问题的排涝站之设计内水位作进一步复核和调整。

（3）本工程防汛抗旱涉及面广，跨多个设区市，运行调度难度较大。

峡江水利枢纽工程承担着防洪、发电、航运和灌溉的任务，为大（1）型水利枢纽工程，受益地区跨越了吉安、宜春、南昌等几个设区市。本工程除了坝址流量超过 5000m³/s 或吉安站流量超过 4730m³/s 时枢纽泄水闸的蓄、泄水调度（坝址上、下游的防洪调度）由江西省防汛抗旱总指挥部负责调度外，枢纽承担的兴利（发电、航运和灌溉）以及防护区的排涝排渍运行调度权限可能下放至相关管理部门。若此项运行调度权限下放至相关管理部门，由于本工程发电、航运和灌溉以及防护区排涝排渍的涉及面广，并跨多个设区市。因此，峡江水利枢纽工程的发电、航运和灌溉以及防护区排涝排渍的运行调度协调难度较大。

（4）坝址下游多数堤防目前未按规划要求达标完建，可能影响到库区的防洪安全。

峡江水利枢纽工程的防洪调度在设计阶段考虑坝址下游堤防的防洪标准已按规划要求达标，即：沿河重要乡镇、保护 1 万亩以上圩堤均能抗御 10 年一遇及以上洪水，保护 1 万亩以下圩堤也能抗御 5 年一遇洪水。但目前峡江坝址下游沿江两岸及支流河口附近的堤防，除了赣东大堤和新干县城防洪堤的防洪标准分别达到 50 年一遇和 30 年一遇外，绝大多数堤防目前未按规划要求达标完建，其防洪标准仅为 5 年一遇或 5～10 年一遇，丰城市的官港堤、万石圩和泉山堤的防洪标准仍低于 5 年一遇，而且峡江坝址下游左岸的巴邱镇目前还未建设防洪设施。考虑这些未按规划达标堤防的度汛安全，峡江水库预泄时各流量级的下泄流量最大值须减小，致使降低坝前水位的速度放缓，对库区的防洪存在着一定安全隐患。

1.8.2.2　建议

（1）实施峡江水库防洪调度运行方式，须依靠并利用现代技术，了解雨情、水情，事先知晓水库坝址上游和下游区间的来水流量，预报出各控制断面的洪水过程。建议尽快完成峡江水利枢纽工程水情自动测报系统的建设和相对较高的峡江坝址、吉安站和石上站以及泉港分洪闸外赣江断面的洪水预报方案编制工作，完善该工程的水情自动测报系统，为峡江水利枢纽工程科学、合理的运行调度提供条件。

（2）峡江坝下水位-流量关系线依据坝下实测水位、流量关系分析绘制的成果精度最高，随着今后峡江坝下实测水位及与其相应的峡江站实测流量的积累，建议依据较长时间的坝下实测水位与相应时间的峡江站实测流量对峡江坝下水位-流量关系线进行复核和修正，并同时对峡江泄水闸的泄流能力曲线进行复核和调整。

（3）随着各排涝站运行资料的积累，建议在适当的时间依据各排涝站的运行资料、防护区的实际情况和泵站机组的特性对由于设计内水位设置不妥而出现问题的排涝站之设计内水位作进一步复核和调整。

（4）建议峡江水利枢纽工程成立专门的调度管理机构，负责指挥本工程的发电、航运和灌溉以及防护区排涝、排渍的运行调度，并建设峡江水利枢纽工程的防汛抗旱指挥系统，为调度管理机构获得准确的相关信息，科学、合理地指挥工程的运行调度提供平台与服务。

（5）峡江水库预泄加大下泄流量时需考虑坝址下游沿江两岸堤防和村镇的防洪安全。建议尽快建设巴邱镇的防洪设施，加高加固峡江坝址下游的防洪堤，完善赣江中下游的防洪工程体系，使峡江水库预泄时最大下泄流量可按设计阶段确定的极限值下泄，加快降低坝前水位速度，以保障峡江库区的防洪安全。

（6）峡江水库的防洪调度依据预报的坝址上游来水流量过程并结合坝前水位进行，由于坝址上游来水流量的预报成果会受到上游大型水库蓄泄水的影响，建议对赣江上的几座大型水库进行联合调度，实行联动机制，信息共享。

第 2 章　库区抬田工程关键技术研究与应用

2.1　概　　述

2.1.1　工程概况

峡江库区是著名的吉泰盆地的组成部分，近年来，该区域经济社会发展较快。为最大限度地降低水库淹没对当地国民经济和生态环境的影响，减少土地淹没和人口迁移的数量，对峡江库区涉及的峡江县、吉水县、吉州区、青原区及吉安县的浅淹没区进行抬田工程建设。抬田工程分为防护区外抬田和防护区内抬田工程。防护区外抬田，抬田后的耕地高程不低于各断面在坝前水位 46.00m 相应流量为 5000m³/s 时的水面线高程，即抬田后最低田块耕地高程不低于 46.50m；防护区内抬田工程，主要依据各防护区内的耕地高程、工程地质条件及堤基防渗处理方式确定，同江防护区采取全封闭防渗处理，抬田后最低田块耕地高程不低于 41.00m。

上下陇洲防护区堤基未做防渗处理，堤后填塘及抬田后最低田块耕地高程不低于 43.00m；柘塘防护区堤基做防渗处理，但考虑到老河道处耕地高程较低，防护堤附近耕地高程抬高至 44.00m，防护堤外的耕地高程抬高至 46.80m 和 47.80m；樟山防护区防护堤外的耕地高程抬高至 47.00m；槎滩防护区老河道处耕地高程较低，防护堤附近的耕地高程抬高至 44.00m，防护堤外的耕地高程抬高至 46.80m。峡江库区抬田工程主要分布在沙坊、八都、桑园、水田、槎滩、金滩、南岸、醪桥、乌江、水南背、葛山、砖门、吉州区、禾水、潭西，以及同江防护区、上下陇洲防护区、柘塘防护区、樟山防护区、槎滩防护区，共 20 个区域。此项防护措施共减少淹没耕地面积 37791 亩、林地面积 3678 亩，提高防护区受浸没影响的耕地面积 13547 亩（根据吉水县城城市规划，水南背抬田区域为城南新区，抬田工程改为抬地，设计洪水标准采用 10 年一遇洪水位，抬地地面高程抬至 49.50m）。

2.1.2　国内外抬田工程技术运用及研究情况

江西省内在建和已建的工程项目中，位于鹰潭市的信江界牌航运枢纽、泰和县的赣江石虎塘航电枢纽均采用了抬田技术，前者用于淹没区抬田，后者除用于淹没区抬田外，还用于浸没区抬田。

江西省外在建和已建的工程项目中，湖南省耒阳市耒中水电站、株洲航电枢纽，四川省广元市亭子口水利枢纽等工程也采用了抬田技术，主要用于淹没区抬田。

界牌航运枢纽、耒中水电站抬田规模不大，面积仅几百亩；抬田规模较大的为亭子口水利枢纽，抬田面积为 4965 余亩。亭子口水利枢纽对保水保肥性能进行了室内试验研究。

亭子口水利枢纽是嘉陵江干流开发的控制性工程，是以防洪、灌溉及城乡供水为主，兼顾发电、航运，并具有拦沙减淤等效益的综合利用工程。对水库淹没深度较浅的成片农田采用低地垫高的方案，工程措施包括低地回填垫高、护岸、截排水、田间配套工程及增加土壤肥力等措施。其垫高方案为：回填砂卵石，回填 0.3m 厚的反滤层，回填 0.7m 厚耕作层并压实，回填 0.3m 厚耕作层压实。为研究垫高层的保水性和保土性，进行了室内试验。试验在大型土柱中进行，土柱由多层 40cm×40cm×30cm 的方形钢制容器拼接而成。每层土柱壁以 10cm 为间距安装 TDR 土壤含水率探头，实时监测土壤含水率变化。最下一层土柱底部留有排水口，监测排水情况。试验时在土柱上部人工灌水，观测水层的深度变化，通过 TDR 观测不同深度土壤含水率随入渗时间的变化；在土柱底部收集排水，观测排水时间和排水量。研究表明，这种结构能起到保土作用。为更好地起到保水作用，下部 0.7m 厚耕作层回填时应压实，压实标准为控制其干密度为天然状态干密度的 1.1 倍。

国内外对水库浸没问题研究成果较多，主要研究内容是浸没范围的预测和防治措施。为研究峡江水利枢纽最大的防护区——同江防护区的渗流及浸没等问题，河海大学与江西省水利规划设计院进行了同江防护区渗流控制措施及地下水环境分析方法应用开发研究。在防治浸没的措施中，未见对抬田工程的研究成果。

2.1.3　抬田工程研究内容与方法

1. 研究内容

抬田工程的建设，应达到两个目标：①工程建设投资省，成本低。一方面，抬田工程需要大量的填筑土料，土料开采需要占用岗丘林地，在发挥工程效益的同时，如何达到工程量最省；另一方面，采用的抬田措施，要便于施工，降低工程建设成本。②抬田后的耕地，建成为高标准农田。能有效满足农田保水保肥要求，保障作物的正常生长发育，尽快地恢复或超过原有农业生产水平。

这两个目标应是统一和协调的，不能仅考虑降低建设成本，不考虑抬田工程的耕作要求，也不能只考虑耕作要求，不考虑建设成本。综合两方面的因素，主要研究内容包括以下几方面：

（1）抬田结构研究。从施工、取用土料难易程度、适宜作物生长等方面，进行综合分析研究，选择合理的抬田结构。

（2）抬田高度研究。

1）抬田高度越高，抬田工程量越大，但作物根系受库水位影响越小，不会因水库蓄水对耕地产生浸没影响。

2）降低抬田高度，可节省工程量，减少投资，但作物根系受库水位影响越大，如抬田高程过低，会因水库蓄水对耕地产生浸没影响。

3）研究采用合适的抬田高度，既能使工程量相对节省，又能满足作物正常生长的要求。

（3）耕作层厚度研究。耕作层是在长期的精耕细作下，逐步培育出来的表层耕作土，它具有良好的水、肥、气、热条件，可以概括为深、软、松、肥几个字，深是指有深厚的耕作层；软是指土壤松、软、油滑，灌水后泥块易溶烂，无泥核；土质不过砂，也不过黏；松是指干时土壤结构好，疏松多孔，不板结，有良好的通气、透水性；肥是指土壤养分丰富，酸碱度适中，无有毒物质。

水稻高产田的耕作层一般为 15～20cm，下部犁底层厚度为 8～10cm，质地以黏壤土或壤质黏土（黏粒 15%～20%）为好；有机质含量为 2.0%～4.0%；养分比较丰富，全氮量为 0.14%～0.20%，全磷为 0.11% 左右；最适酸碱度为 6.5～7.5。

抬田工程采用的耕作土层，一般先从抬田区剥离，待下部垫高层和保水层填筑完后，再将耕作土回填。耕作土的剥离与回填，最优的方案是按原耕作层厚度剥离，考虑便于机械施工及施工的误差，选择最优的耕作层剥离与回填厚度。

（4）保水层关键技术研究。无论采用哪种抬田结构，在耕作层下，均要形成一层保水层。保水层的土质要求、厚度要求、压实度要求、适宜的渗透系数等，是能否起保水保肥的关键，需要重点进行试验研究。

（5）库水位变化对保水层保水保土性研究。由于保水层位于水库水位变幅区，需要研究库水位变化对保水层的保水保土作用的影响。

（6）研究成果的验证。对研究提出的抬田结构、抬田高度、保水层等，通过在试坑和大田进行种植试验，以及作物生长及产量对比分析等措施，对研究成果进行验证。

（7）抬田工程耕作研究。研究抬田区土壤水肥演变规律，水稻水肥高效利用及土壤改良技术，以及农作物种植结构、耕作制度、灌溉制度、复耕措施等。

（8）田间工程优化设计。研究适应抬田工程及当地耕作要求的田间工程设计。

（9）施工期间环境保护与水土保持措施。研究适应抬田工程施工的施工环境、生态环境保护及水土保持措施。

2. 研究方法

目前国内外缺乏成熟的抬田工程设计规范和技术方案，对抬田工程研究方法和技术路线可供参考资料较少。亭子口水利枢纽在研究垫高层的保水性和保土性采用的技术路线为：

（1）野外调查与现场试验。实地调查—选取典型区域—现场原位试验，测量现状（天然）条件下耕作层的保水、保土性能指标，并选取供室内试验的土样。

（2）室内试验。模拟并测试不同土层结构（耕作层厚度、以容重控制的密实度变化、过渡层或反滤层厚度、密实度变化）的保水、保土、肥力性能指标。

（3）指标分析。对现状（天然）土层和模拟设计的土层保水、保土性能指标进行对比分析。

按照拟定的研究内容，峡江水利枢纽抬田工程关键技术研究采用的研究方法，主要通过野外调查与现场取样试验、现有抬田工程技术对比分析、室内试验、大型测坑试验、大田种植试验等研究方法，进行模拟、分析、方案比较、优化等，确定抬田工程各项关键技术指标。

2.2 抬田工程设计及研究

2.2.1 抬田工程结构设计

1. 常用抬田结构

国内抬田工程主要采用了三种结构：

（1）单层结构。采用黏性土填高至抬田后的田面高程，耕作时，通过施肥等措施，将上层黏性土熟化为耕作土。下层黏性土起保水保土作用。该结构在江西省界牌航运枢纽、湖南省耒阳市耒中水电站抬田工程中采用。

（2）双层结构。先填筑垫高层，垫高层上填筑一层较厚的耕作土或黏性土至抬田后的田面高程。垫高层起垫高作用。填筑的耕作土或黏性土，上层为耕作层，下层压实后起保水保肥作用。该结构在亭子口水利枢纽采用。

（3）三层结构。先填筑垫高层；垫高层上填筑一定厚度的黏性土层，作为保水层，通过压实控制，起保水保肥作用；保水层上填筑耕作层，满足作物耕种要求。该结构在石虎塘航电枢纽、峡江水利枢纽抬田工程中采用。

2. 各种结构对比分析

（1）单层结构。

1）效果：第一、第二季作物生长较差，产量低，第三季基本达到原生产水平，根据调查，第一季产量约为原产量的 50％左右，第二季产量为原产量的 80％，第三季基本可达到或超过原产量水平。

2）优点：取用一种土料，施工最简单。

3）缺点：黏土层耕作熟化时间较长，耕作到第三季之后才能恢复到原有生产水平。当抬田深度较深时，黏土填筑工程量较大，取土需要占用较多山地和林地，相应增加征地投资。

（2）双层结构。

1）效果：上层填土如全部采用耕作土，抬田第二季可基本达到原有产量水平。上层土全部采用黏性土填筑，其抬田效果与单层结构相同。

2）优点：施工相对简单。如上层用耕作土填筑，抬田效益发挥快。垫高层如从河床开采砂卵石或利用开挖利用料等，可减少占用山地与林地。

3）缺点：上层土全部用耕作土填筑，抬田区的耕作土土量不能满足要求，需从其他区域挖去耕作土，取土困难。上层填土如用黏性土填筑，黏土层耕作熟化时间较长，对作物产量影响时间较长。

（3）三层结构。

1）效果：耕作层从抬田区剥离后回填，第一季产量有所减少，第二季可基本达到原有产量水平。根据峡江水利枢纽富口抬田区种植试验研究成果研究，2009 年实施抬田后，2010 年早稻抬田区产量为 373.85kg/亩，未抬田区为 425kg/亩，减产 25.58kg/亩，抬田工程产量有所减少，但减产不多。2010 年晚稻抬田区产量为 391.0kg/亩，未抬田区为 392.5kg/亩，减产 0.75kg/亩，抬田工程基本达到原产量水平。

2）优点：抬田效益发挥快，当年可基本达到原有产量水平。垫高层可从河床开采砂卵石或利用其他工程开挖利用料等，可减少占用山地与林地。

3）缺点：填筑时需分垫高层、保水层、耕作层三层填筑，施工相对较复杂。但实际施工控制与双层结构基本相同。经过试验，保水层厚度采用合适，施工时保水层可以一次填筑碾压到位，相应可以减少施工复杂程度。

3. 各种结构适用条件分析

（1）单层结构。耕地恢复到原有产量水平时间较长，全部采用黏土料填筑，占用山地林地较多，工程投资相对较大。适用抬田深度较小（1.0m以内）、抬田规模较小的抬田工程。

（2）双层结构。其施工工艺与三层结构基本相同，当抬田规模大时，耕作土、黏性土用量大，相应加大取土难度。适用抬田深度较深、抬田规模不大的抬田工程。

（3）三层结构。在相同抬田下，耕作土、黏性土用量相对最小，抬田效益发挥快。适用抬田深度较深、抬田规模较大的抬田工程。

4. 结论

峡江水利枢纽工程抬田深度一般都在 2～3m，深度较深；抬田规模大，抬田面积达 3.25 万亩。为尽快发挥抬田工程效益，减少国家损失，同时为节省工程量，减少因大量黏土料开挖而占用山地林地，建议抬田工程采用三层结构。

2.2.2 峡江抬田工程研究方法与内容

2.2.2.1 耕作层研究

1. 研究方法

目前国内外缺乏成熟的抬田工程设计规范和技术方案，峡江水利枢纽抬田工程采用室内实验、小区试验与现场试验的相互验证与补充、物理模型与数学模型相互验证与补充、多属性相同类比等方法，研究制定厚度方案。

2. 研究目标

制定厚度方案的优选目标为：抬田耕作层设计厚度使水稻高产稳产，工程技术可行、经济效益优化。

3. 技术方案

对抬田工程耕作层设计了 7 个厚度方案，其中，水稻土是指抬田前取得稻田表层土壤；生黏土是指从其他区域取得黏土，没有被耕作熟化。

方案 1：回填 20cm 厚水稻土作为耕作层，下部为压实生黏土作为保水、保肥层（犁底层作用）。

方案 2：回填 30cm 厚水稻土作为耕作层，下部为压实生黏土作为保水、保肥层（犁底层作用）。

方案 3：回填 25cm 厚水稻土作为耕作层，下部为压实生黏土作为保水、保肥层（犁底层作用）。

方案 4：回填 20cm 厚水稻土作为耕作层，下部回填 10cm 水稻土，与下部的生黏土共同压实作为保水、保肥层（犁底层作用）。

方案 5：回填 20cm 厚水稻土作为耕作层，下部回填 15cm 水稻土，与下部的生黏土共同压实作为保水、保肥层（犁底层作用）。

方案 6：回填 15cm 厚水稻土作为耕作层，下部回填 10cm 水稻土，与下部的生黏土共同压实作为保水、保肥层（犁底层作用）。

方案 7：回填 15cm 厚水稻土作为耕作层，下部回填 15cm 水稻土，与下部 35cm 生黏土共同压实作为保水、保肥层（犁底层作用）。

比较各方案满足优选条件和约束条件程度，见表 2.2-1。

表 2.2-1　各方案满足优选条件和约束条件程度

方案	种植模式	施工水平	耕作承载	根系发育	高产土壤	施工成本
1	稻-稻	不满足	满足	不满足	不满足	满足
2	稻-稻	基本满足	不满足	满足	满足	满足
3	稻-稻	满足	满足	满足	满足	满足
4	稻-稻	基本满足	满足	满足	满足	增加
5	稻-其他	满足	满足	满足	满足	增加
6	稻-稻	不满足	满足	基本满足	基本满足	增加
7	稻-稻	基本满足	满足	满足	基本满足	增加

4. 耕作层厚度方案优选

方案优选方法：根据 7 个方案对各个约束条件的满足程度和实现稻田高产稳产，优选出 3 个方案：

方案 5 为最优方案。该方案除了比方案 1、方案 2、方案 3 增加了一定施工难度，其他约束条件都很好满足，能够保证获得抬田稳产高产的耕作层。

方案 4 为次优方案。该方案除了比方案 1、方案 2、方案 3 增加了一定施工难度，比方案 5 要少取回填水稻土，但对抬田施工平整度有更高一些要求。

方案 3 为可行方案。方案 3 比方案 5 和方案 4 的施工工艺难度降低，其他条件都满足，也基本保证获得抬田稳产高产的耕作层。尽管相应施工成本降低，基本满足耕作植稻时耕牛、拖拉机允许的下陷深度。若采用此方案，需要适当改变耕作植稻的传统习惯，在耕作植稻前排水降低耕作层含水量，使耕作层能够承载拖拉机、耕牛运动，可以进行土壤翻耕，翻耕后灌水植稻。试验新的适宜于抬田耕作层厚度的耕作植稻方法。

2.2.2.2　保水层研究

1. 研究内容

抬田结构由耕作层、保水黏土层和底部垫高层组成，见图 2.2-1。根据库区水稻田耕作情况调查，满足高产农田的耕作层厚度 20cm 左右的要求，耕作层下部有 10～20cm 厚的犁底层，起保水保肥作用。

按照土料场分部情况，为节省土地资源，垫高层除采用黏性土外，还采用砂砾石或风化料，其透水性较好。为确保抬田后的耕地不会因渗漏造成农田水肥流失，在耕作层下部需填筑一层黏性土。该层黏性土的作用：一是通过耕作，形成犁底层；二是与犁底层共同起保水保肥作用。亭子口枢纽进行抬田工程试验研究后，建议耕作层下部回填 70cm 厚的耕作土作为保水层，由于耕作土储量有限，保水层不可能全部采用耕作土。设计采用黏性土较为切合实际，但黏性土层的最优合度有待研究。

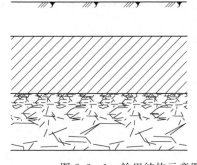

图 2.2-1　抬田结构示意图

耕作层

保水黏土层

底部垫高层

按照《灌溉与排水工程设计规范》（GB

50288—1999），水稻田适宜日渗漏量为 2～8mm/d。黏性土层的厚度、渗透系数应满足水稻田适宜日渗漏量的要求。施工时，应控制压实度，使其渗透系数满足要求。因此，黏性土保水层质量控制是抬田工程的关键，其厚度、压实度、渗透系数是研究的关键，要将抬田工程的渗漏量控制在适宜日渗漏量，当渗漏量大于适宜日渗漏量时，不能起保水保肥作用；当渗漏量小于适宜日渗漏量时，影响水稻的正常生长。同时，采用的厚度、压实度，应便于施工控制，以节省工程建设投资。

2. 研究方法

根据抬田工程结构，采用两种研究方法。

（1）建立试验模型进行试验。从水库抬田料场取土，按照初步拟定的抬田结构，模拟抬田工程运行情况，进行试验，对试验参数进行统计分析。

（2）建立数学模型，通过数学模型，模拟抬田工程运行情况，对参数进行分析与优化。

3. 结论

（1）通过试验得知，土料渗透性与土料的压实度关系密切，因此在设计时应严格控制区域抬田结构土层的压实度，在施工时应按要求的含水量进行施工。对于田间黏土保水层，因其自身的渗透性较小，建议适当控制压实度不要过高，以免造成抬田结构不利于作物生长。

（2）对于抬田而言，其控制性指标为保水层的压实度，厚度对渗流量影响不太明显，经试验对比分析，建议吴家坊、醪桥、水田区域黏土保水层厚度取 30cm 以满足渗流量要求，压实度吴家坊、醪桥、水田土均取 0.90 比较合适。梨底层的要求与保水层要求相同，厚度取 10cm，压实度与保水层一致，可以根据不同区域的具体情况进行必要调整。

（3）垫高层压实度对渗流影响较小，对于渗流控制来说不是控制性因素，为了避免产生过大的沉降和不均匀沉降，这里仍建议按压实度 0.90 控制为好。

2.3 抬田工程田间工程设计

2.3.1 排灌沟渠优化设计

1. 排灌沟渠的布置

峡江库区抬田一般处于沿江一级阶地。根据地形情况及排水沟需要控制地下水位的要求，排灌沟渠有以下两种基本布置形式：

（1）灌排相邻布置。灌溉渠道与排水沟相邻布置，这种形式用于抬田后耕地有单一坡向、灌排方向一致的地区。

（2）灌排相间布置。渠道向两侧灌水，排水沟承泄两侧的排水，这种布置形式适用于抬田后地形平坦或有一定坡降、但起伏不大的抬田区，灌渠道布置在高处，排水沟布置在低处。

2. 灌渠设计

渠道纵断面设计包括确定设计水位线、深度线、堤顶线以及分水口渠系建筑物的位置。各级渠道在分水口都应具有足够的水位高程。应从灌区内距渠道最远且最高的地面高程，根据沿渠的水头损失，自下而上地推算出各级渠道的设计水位高程。要求各级渠道水位高出地面 0.3～0.5m。

灌渠的控制范围：在平原地区，农渠的长度采用 400～800m，间距为 160m；在丘陵地区，农渠的长度宜采用 200～400m，间距为 100m。

3. 排水沟设计

峡江库区抬田区域的地形为丘陵地带，抬田排水布置要扩大排洪出路、排涝防渍，要适当拉直冲沟、平整土地，合理布置田间排、灌、降与道路系统，适应机耕需要。排水沟的断面是以流量和流速来确定，排水沟的沟深、宽度指标见表 2.3-1。

表 2.3-1　　　　　　　　　　沟深、宽度参考指标表

渠、沟级别	深度/m	底宽/m	口宽/m
支沟	1.0～1.5	1.0～4.0	4.0～10.0
斗沟	1.0～1.5	0.8～1.0	3.0～4.0
农沟	0.5	0.4	0.9

4. 排灌沟渠控制范围及布置

抬田区域田间排灌沟渠布置，按有关规范规定确定其控制范围。各级支、斗、农沟渠布置标准见表 2.3-2。

表 2.3-2　　　　　　　　　　田间排灌沟渠控制范围标准

渠别	控制面积/hm²	长度/m	间距/m	布置说明
斗渠（沟）	60～180	1000～3000	以农渠长度为准，400～600	布置斗渠以自然地形为主，适当照顾行政区划，如村界等
农渠（沟）	6～16	农渠双面开，渠长 200	100～160	为斗渠的辅助渠道

2.3.2　机耕路优化设计

机耕道路应保证居民点、生产中心到农田具有方便的交通，路线直、距离短。道路坡度、转弯角度等技术指标要符合国家规定的技术要求。机耕道路沿田边布置，应与田、林、村、渠、沟等项目进行综合规划布局，以便于田间生产的管理。机耕路包括路基、路面、桥梁、涵洞及其附属设施。

项目区机耕道一般与道路相通，布设干道、支道；支道一般垂直于干道，设于小区边界上；小区内设田间道和生产路，地块在 200 亩以下一般设生产路。200 亩以上设田间道和生产路，生产路一般垂直田间道；田间道设在中部，一般相隔 400～800m 布设，外与干道、支道相通，内与生产路相接；生产路一般相隔 100～160m，供农业机械田间移动和下田作业和人、畜行走。每丘田块要设置下机道，宽度约为 2.5m；田间道宽度为 4.0m。在村与村之间的道路为支道，其路面宽采用 4m。项目区内道路网应尽量与水利工程渠系一致，沿水利沟渠布局。机耕路上桥梁的设计参照交通部门的相应标准和规范执行。各级

道路路宽选择参见表 2.3－3。

表 2.3－3　　　　　　　　　　各级道路路宽选择表

道路类型	主要联系范围	沟渠结合级别	行车情况	路面规格	路面宽/m	路肩宽/m	高出地面高度/m
支、干道	村庄与村庄之间	支沟渠	大型农机具、农用车辆	混凝土路面	5～8	0.5×2	0.5～0.7
田间道	村庄与田块之间	斗农沟渠	农用车辆、农业机械	泥结石路面	4	0.5×2	0.3～0.5
生产路	田块与田块之间	农沟渠	农业机械	土路面	2.5		0.3～0.4

2.3.3　田块优化设计

格田设计必须保证排灌畅通、调控方便，并满足水稻作物各生长发育阶段对水分的需求。格田田面高差应在 3～5cm 以内，并对耕作田块的方向、长度、宽度、形状等规定如下：

（1）应保证耕作田块长边方向光照时间最长，宜选用南-北向；在丘陵、山区，耕作田块方向应平行等高线设置。

（2）田块边长应根据作物类型、耕作机械工作效率、田块平整度、灌溉均匀程度以及排水畅通度等因素确定。采用田块长度为 50～80m。

（3）耕作田块宽度应考虑田块面积、机械作业要求、灌溉和排水和防止风害等要求；同时应考虑地形地貌的限制。采用田块宽度为 30m。

2.4　结　论　与　展　望

2.4.1　抬田工程的效益

1. 经济效益

（1）通过试验研究，采用科学合理的抬田结构。抬田工程在峡江水利枢纽工程建设中取得成功，节约了耕地资源，为减少库区移民安置，节省了大量的工程建设资金。

根据《江西省峡江水利枢纽工程初步设计报告》分析，淹没区 1.9 万亩耕地抬田工程投资 5.36 亿元，亩均投资 2.82 万元。按照江西省政府征地拆迁补偿有关规定，耕地补偿标准为每亩 3.15 万元，有关规费每亩 2.5 万元，每亩耕地淹没投资达到 5.65 万元。通过抬田工程，每亩节省投资 2.83 万元，淹没区抬田总面积 1.9 万亩，共节省投资 5.38 亿元。

通过抬田，减少了移民的搬迁，按照减少移民搬迁的人数计算，可节省投资约 19 亿多元。

（2）抬田工程实施后，共建成了 3.25 万亩高标准高产农田，抬田区居民的生产与生活稳定，发挥了较好的社会效益。

（3）通过研究，保水层厚度进行了优化，原设计厚度 0.5m，优化后厚度为 0.35cm，保水层厚度减少了 0.15cm。按照抬田总面积 3.25 万亩计算，相应减少黏土开挖 325 万 m³。按照料场开挖厚度 2.0m 计算，可减少开挖面积 2438 亩，相应减少占用土地 2438

亩，按峡江水利枢纽工程林地补偿标准每亩 7046 元计算，可节省投资 1805 万元。

（4）抬田工程如果采用单层结构，第一季产量约减产 50％，第二季产量减产 20％。通过分析研究，采用三层结构，耕作层利用剥离原耕作土回填，第一季产量有所减少，第二季可基本可达到原有产量水平。按单产 425kg 计算，采用三层结构，每亩减少粮食损失 297.5kg，共减少粮食损失 966.9 万 kg。

2. 生态效益

首先，抬田工程实施后，使得本来将永久淹没的数万亩耕地得到了永续利用，保证了当地的环境容量。

其次，抬田工程有利于建设高标准农田，项目实施后，防护区内 1.35 万亩耕地由于受水库水位抬高影响，耕作土和农作物将长期处于浸泡状态，农田质量将下降，通过抬田措施，以上问题均得以解决；并且，植被覆盖率和农田水利化程度也有所提高。

第三，抬田工程实施后，水土流失问题得到了一定程度缓解，养分的流失减少，农业面源污染问题得到了一定控制；同时，抬田区农田通过平整，并配套完善的灌溉排水设施，农田灌溉"最后一公里"问题得到有效解决，农业环境得到明显改善。

综上所述，抬田工程技术应用于大型水利枢纽工程建设当中，具有显著的生态效益。

3. 社会效益

抬田工程是保护耕地的有力措施，它有效地解决了水力资源开发与人口和土地的矛盾。抬田还能为农民提供基本口粮，库尾浅淹没区可留给农民发展多种养殖，以提高农民生活水平。就目前已实施的抬田工程来看，未产生其他副作用。

抬田工程技术试验成功后，在库区耕地淹没乡镇得到了大面积推广实施，峡江全县设有八都、桑园、水田、槎滩、金滩、南岸、醪桥、乌江、水南背、葛山、砖门等 11 个抬田片区，抬田面积达 1.9 万亩。实施抬田工程后，最大限度地降低移民人口和浸没影响，节省了耕地资源。

尽量减少移民和土地淹没，是水库建设中世界范围的难题，目前国内一些大型水库建成后还一直为移民问题所困扰。为此，江西省提出"三减少一保障"的工作要求，即减少移民数量、减少外迁安置、减少耕地淹没、保障移民的合法权益。从目前抬田工程实施情况来看，基本达到了以上目标。

随着抬田工程技术在峡江水利枢纽工程中的成功应用，推动了江西省目前其他几个新建水利枢纽工程抬田工程的实施，如：浯溪口水利枢纽抬田工程，项目实施后，防护土地达到 2887 亩，其中耕地 2621 亩，起到了保护耕地资源的作用。

2.4.2　抬田工程技术研究

（1）通过定点追踪调查抬田示范区与未抬田对照区耕作层土壤的养分指标显示：

1）抬田示范区水稻耕作层的有机质、全氮、碱解氮、有效磷、速效钾等指标含量前三年大部分比未抬田对照区低，表明水稻土壤耕作层受到抬田影响，土壤养分含量在一定程度上有所降低，水稻生长所需土壤养分含量在一定程度上受到破坏。但是，抬田水稻耕作层的有机质、全氮和碱解氮含量均比未抬田试验对照区低。

2）采取秸秆还田配合化肥施用，可以有效增加抬田土壤的有机质含量，同时也能调节抬田土壤中全氮和碱解氮的含量，起到培肥土壤的目的。

3）经常水稻种植后的抬田土壤，其速效钾和碱解氮质量分数有所提高，速效磷占全磷的百分数及速效钾占全钾的百分数均明显提高。

4）经过 4 年水稻种植，通过施用农家肥，在晚稻收割后配合种植绿肥＋秸秆还田农艺措施处理，同时配套田间灌排工程，抬田区耕作层土壤部分养分指标接近于抬田前的耕作层土壤养分的标准，耕作层土壤基础地力在一定程度得到了有效地改良。

（2）通过定点追踪调查抬田示范区与未抬田对照区土壤水肥指标显示：

1）抬田区耕作层土壤的干容重较抬田前有所降低，田间持水率得到一定程度的提高，表明土壤结构性能得到了一定程度的改善。

2）抬田区保水层的饱和渗透系数较未抬田保水层有所降低，这在一定程度上起到了保水保肥的效果。然而，抬田在"水、肥、气、热"综合调控方面还有待进一步研究。

（3）通过在现场建立的抬田示范区选取有代表性的区域，进行抬田处理小区对比试验，并跟踪测定小区抬田保水、保土、保肥性能，分析土壤肥力演变规律，同时，测定抬田水稻生理生态及产量等指标，分析其影响程度。

1）水稻本田生育期采用间歇灌溉制度，田间水层控制标准如下：返青期 10～40cm，分蘖前期 0～30m 干 3 天，分蘖后期 30～0cm 晒田 7 天，孕穗期 0～30cm 干 3 天，抽穗开花期 10～30cm 干 2 天，乳熟期 0～30cm 干 3 天，黄熟期 30～0cm 后期落干。

2）施肥比例为基（种）肥：分蘖肥：拔节孕穗肥＝5：3：2，同时，配合种植红花草和秸秆还田等农艺措施，其产量最高。

3）在当地施肥水平下，间歇灌溉处理较淹水灌溉处理增产效果比较明显，早稻产量增加 60.07kg/亩，增产率为 7.36％；晚稻产量增加 47.32kg/亩，增产率为 5.67％。

4）在灌溉标准相同情况下，施肥比例为基（种）肥：分蘖肥：拔节孕穗肥＝5：3：2，采用种植红花草和秸秆还田农艺措施处理，较高施肥标准早稻增产 39.68kg/亩，增产率为 4.86％；晚稻增产 22.70kg/亩，增产率为 2.72％。

5）采取种植绿肥配合秸秆还田农艺措施处理的小区较未改良试验处理的试验小区，早稻产量增加 8.21kg/亩，增产率为 1.95％，晚稻产量增加 13.18kg/亩，增产率为 3.07％。

2.4.3 主要结论

针对峡江水利枢纽库区抬田工程的关键技术问题，通过现场调查分析，采用抬田土料场的土料，利用河海大学、江西省灌溉试验中心站的试验设备，模拟抬田工程施工、运行情况，进行试验研究。研究成果直接运用于峡江枢纽的抬田工程，目前，抬田工程全部施工完成，峡江枢纽已开始蓄水发电，抬田工程取得了较好的经济效益和社会效益。抬田后的耕地按照高标准农田建设，灌排设施有了保障，耕作条件大大改善，抬田区的居民生活稳定，没有出现不安定因素。

（1）研究的技术路线正确，方法可行。广泛收集了国内抬田工程现有资料，明确了研究任务与目标。试验利用的土料全部从抬田区土料场开采，对关键技术进行了室内试验和数学模型分析，试验得出的研究成果，在大型测坑内模拟抬田后耕地实际耕作情况，进行验证。

（2）国内首次对抬田工程进行系统研究。对抬田结构、抬田高度、耕作层厚度、保水层关键技术、垫高层材料等进行了系统研究，提出了研究成果。

（3）抬田工程推荐采用三层结构，从上至下由耕作层、保水层、垫高层三层组成。其中：耕作层厚度25cm，保水层厚度35cm，垫高层厚度按照抬田高度确定。

（4）抬田高度对于水库淹没区按照高于水库正常蓄水位0.50m控制，局部可根据地形进行调整，但不低于水库正常蓄水位0.50m。

在水库淹没区，为协调征地与抬田的矛盾，可抬高至不低于土地征用线高程。对浸没区，按照满足浸没要求进行抬高。

（5）主要设计参数，保水层采用黏性土，厚度为35cm，压实度为0.9左右，渗透系数$k \leqslant (1 \sim 9) \times 10^{-6}$ cm/s。

垫高层黏性土料压实度不小于0.85，砂石料等无黏性土料相对密度不小于0.60。

（6）提出了抬田区水稻水肥高效利用及土壤改良技术。

（7）提出了适应抬田工程及当地耕作条件的田间工程优化设计方案。

（8）总结了适应抬田工程施工期间的环境保护与水土保持措施。

第 3 章　水力机械关键技术研究与试验

峡江水利枢纽工程水力机械关键技术研究与试验主要包括两部分，第一部分是峡江电站水力机械关键技术研究与试验；第二部分是峡江库区同江河泵站水泵装置模型试验研究。

3.1　峡江电站水力机械关键技术研究与试验

3.1.1　概述

峡江电站初设阶段选定方案为单机容量 40MW，转轮直径 7.8m，额定转速 71.4r/min，额定流量 524.8m³/s，该方案所选定的水轮机转轮直径为当时世界同类型机组最大。峡江电站关键技术主要体现在：①水轮机主要目标参数选择及水力设计；②模型转轮的开发与验收；③机组主要结构设计。本章重点论述峡江水电站模型转轮的开发及验收。

3.1.2　水轮机目标参数和水力设计的优化

3.1.2.1　水轮机目标参数的优化

峡江机组作为国内转轮直径最大的特大型灯泡贯流式机组，在参数选择上始终将机组的稳定运行和结构安全放在第一位，其次考虑技术参数的先进性和水力研发水平。为更好地选择机组主要目标参数，在招标阶段，先后与国内外七家公司进行了技术交流，普遍认为峡江电站额定工况点所选取的单位流量 Q_1' 在 3.0m³/s 左右，处于四叶片灯泡贯流式机组的上限，此时如果额定工况点效率取值过高，机组的稳定性将受到影响，所以在招标文件中提出的模型水轮机额定工况点效率保证值为 90.5%，较初设方案降低了 0.5%；模型水轮机的最高效率保证值为 93.3%，较初设方案降低了 0.3%。在降低了机组效率考核指标后，对水轮机压力脉动等稳定性指标提出了较高要求，压力脉动保证值见表 3.1-1。

表 3.1-1　　　　　　　　水轮机压力脉动保证值

净水头 /m	机组预想出力的百分数/%	频率		双振幅（$\Delta H/H$）/%	
		模型	真机	模型	真机
14.39	35～100	混频	混频	6	6
10.93	35～100	混频	混频	7	7
8.6	35～100	混频	混频	8	8
4.0	35～100	混频	混频	9	9

3.1.2.2　水力设计的主要原则

在招标设计阶段，要求模型的水力设计涵盖全部流道，模型试验应按全流道模拟，在进口流道上游侧和尾水管出口以外的部分应留有足够的长度，以确保水流分布均匀。对于与水力设计有关的机组进出口流道长度和孔口尺寸，招标文件提出了原则要求，机组进口流速应控制在不超过 2.0m/s，尾水管出口流速不超过 2.5m/s。初拟进水流道的断面尺寸为 16.20m×17.50m（宽×高），尾水管出口的断面尺寸为 16.20m×13.60m（宽×高），进水口闸门至转轮中心的水平距离为 25.60m，转轮中心至尾水管出口的水平距离为 39.60m。灯泡贯流式水轮机如果尾水管长度 L 太短，则水流扩散很快，不利于能量回收。根据统计规律，其长度一般都大于 $4.5D_1$（D_1 为转轮直径），尾水管 L/D_1 在 4.7~5.2 较为合适，峡江电站具体参数见表 3.1-2。同时，规定水轮机模型验收试验在第三方中立台上进行，模型验收试验的结果采用《水泵水轮机模型验收规程》（IEC 60193—1999）中的两步法将模型效率换算到原型工况，作为是否满足合同保证值的依据。要求模型试验台和模型验收试验台效率试验测量的不确定度（按 IEC 规程定）不大于±0.3%。

表 3.1-2　　　　　　　　　　峡江电站进出口流道控制尺寸

项　目	进水流道	与 D_1 比值	出水流道	与 D_1 比值
转轮中心至进出口距离/m	27.05	3.468	39.60	5.077
孔口尺寸（高×宽）/(m×m)	17.50×16.20		13.60×16.20	

3.1.3　水轮机模型开发及初步试验

峡江电站主机采购合同于 2010 年 9 月 26 日签订，根据施工进度安排峡江电站首台机组具备发电条件的节点时间为 2013 年 7 月底，阿尔斯通公司和东方电气集团东方电机有限公司（以下简称东电公司）水力模型开发、试验验收和设备供货，都必须满足目标节点要求。合同规定，在合同生效后 210 天和 240 天内，分别进行其阿尔斯通公司和东电公司的水轮机模型验收试验，验收试验在瑞士洛桑联邦理工学院水力机械试验室 TP1 试验台进行。

峡江电站是国内转轮直径和单机流量最大的灯泡贯流式机组，也是目前世界上单机引用流量最大的灯泡贯流机组，单位流量 Q'_1 超过同类规模机组的水平，给模型开发带来较大难度。

3.1.3.1　对阿尔斯通公司初步研究成果的评估

阿尔斯通公司水力研发主要由位于法国格勒诺布尔的水电全球技术中心负责，依据合同规定，2011 年 4 月 3—13 日峡江项目业主、设计院等单位的工程技术人员赴阿尔斯通技术中心了解和检查模型开发试验情况，并就前期开发的模型转轮初步试验结果进行了交流。

阿尔斯通技术中心共有六个水力模型试验台，其中 T6 为贯流机组专用试验台，试验台的模型转轮直径为 380mm。T5 台可以进行贯流机试验，图 3.1-1 显示了阿尔斯通水力开发流程。试验台模型水轮机效率试验测量的不确定度为±0.28%。模型试验台的主要技术参数见表 3.1-3。

表 3.1 - 3　　　　　　　　　　　　阿尔斯通试验台主要参数

参数 试验台编号	H₁ 流体动力学试验台	TP3 水泵水轮机、混流机试验台	T4 混流机试验台	T5 混流机和轴流机试验台		T6 灯泡机试验台	T7 轴流式水轮机试验台	T8 水泵水轮机、混流机试验台
				混流机和轴流机试验台	灯泡机试验台			
P_{max}/kW	110	360	250	250	250	150	250	450
$Q_{max}/(L \cdot s^{-1})$	450	900	900	1250	5000	1400	1300	1050
H_{max}/m	10	120	30	40	10	10	18	140
$n_{max}/(r \cdot min^{-1})$		2400	2400	2400	2400	2500	2400	2400

根据阿尔斯通技术中心研发人员介绍，在峡江业主到来前，已完成两个模型的初步试验，但模型转轮的最高效率和加权平均效率都与合同要求存在一定差距，尾水出口流道尺寸与合同要求也不完全一致。为此，在已有的相近水头段的模型中筛选了两个性能较好的模型，其中一个模型的最高效率为 94.80%、加权平均效率为 91.80%，与峡江电站合同保证值更为接近，但使用的最大水头只有 12m，作为峡江水轮机模型开发的基础转轮还需要作修型和分析研究。

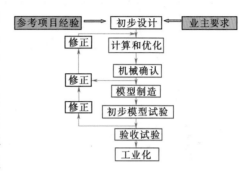

图 3.1 - 1　阿尔斯通水力开发流程

另外 5 号模型转轮已完成强度计算，计划 2011 年 4 月下旬上台试验，6 号转轮开发正在进行，计划 5 月 23—28 日可进行能量、空化、压力脉动等试验，6 月 8 日完成初步试验。

由于阿尔斯通公司的水轮机模型研究试验成果和进度满足不了合同要求，为此，业主要求技术中心加强研发力量，抓紧时间进行模型研发、制作和试验工作。在后续研发和试验过程中，6 号模型也没有按预定时间达到预期目标，最终在洛桑试验台进行验收试验的是 7 号模型，7 号模型转轮于 2011 年 7 月 12 日至 8 月 31 日在阿尔斯通水力研发中心完成了初步试验，12 月 5—17 日在洛桑完成模型验收试验。

3.1.3.2 对东电公司初步模型试验的检查

在峡江项目之前，东电公司在国内特大型灯泡贯流电站项目中，水力设计主要采用与国外公司合作的方式，由外国公司提供水力设计和转轮叶片，甚至机组整体设计方案。针对峡江项目，东电公司决定自主研发水力模型和机组整体设计方案，这主要是基于 2005 年东电公司完成了对大能量试验台 T3、T4 台的技术改造，试验台为封闭式循环系统，能够进行模型水轮机的能量、空化、各部位压力脉动、飞逸转速等常规水力试验，还可以进行轴向水推力、导叶水力矩、桨叶水力矩等力特性试验，以及流态和空化观测等。

东电公司的试验台性能达到国际一流水平，大能量试验台模型水轮机效率试验测量的不确定度不大于 ±0.25%，其中 T4 台专门用于进行贯流式水轮机的模型试验，试验台模型转轮直径为 340mm。通过巴西杰瑞电站水轮机模型开发和在 T4 台的初步试验，大大提高了东电公司对灯泡贯流机组水力设计和模型试验的能力。试验台结构见图 3.1 - 2，主要技术参数见表 3.1 - 4。

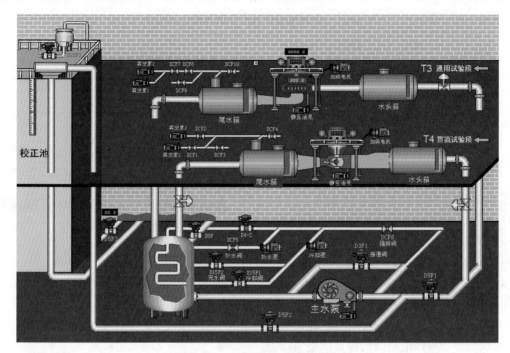

图 3.1-2　大能量试验台结构图

表 3.1-4　　　　　　　　　　东电公司 T4 试验台主要参数

测功电机功率 /kW	最大试验水头 /m	最大试验流量 /(L·s⁻¹)	测功电机最大转速 /(r·min⁻¹)	效率试验不确定度 /%
100	10	1200	1700	±0.25

2011 年 5 月 3—7 日峡江项目业主、中电投峡江公司、设计单位和监理单位赴东电公司，就峡江电站模型转轮研发进度及初步试验结果进行了检查。东电公司研发人员介绍了峡江模型转轮的研发情况和目前的进展，在峡江模型转轮研发之初曾想用巴西杰瑞电站模型转轮作为基础转轮进行开发，但在与峡江电站合同规定的模型参数进行对比后，发现设计工况点参数达不到合同规定要求，为此针对峡江工程重新开发了新的模型转轮。东电公司研发试验中心先后开发了 4 副转轮模型，进行了 2 副转轮的预试验，并在 2011 年 4 月底完成了厂内模型初步试验，模型代号 D629。从东电公司提供的初步试验结果看，能量试验、空化试验满足合同要求，飞逸特性 211.56r/min 略高于合同规定的 210r/min，低水头段压力脉动值超过合同规定要求。为验证 D629 模型转轮性能，检查组对模型转轮的部分性能指标进行了复核试验，具体试验过程如下：5 月 4 日下午开始进行仪器仪表的率定，5 日上午率定工作结束，6 日下午结束复核试验。首先进行了最优工况点能量试验，试验检查结果与初步试验结果对比见表 3.1-5。

其次是飞逸转速试验，试验在选定桨叶角度 $\beta=0°$、导叶开度在 $60°\sim85°$ 范围内进行，在给定导叶开度下，调节测功电机的转速，使水轮机输出力矩近似为 0（绝对值小于 $1.0N·m$），最终结果在桨叶 $\beta=0°$、导叶 $\alpha=80°$ 时，单位飞逸转速 $n'_{1R}=424.24r/min$，原型飞逸转速 $n_R=209.0r/min$，合同规定值为 210r/min，满足合同要求。

最优工况点试验检查结果对比

水轮机 D629	初步试验结果	检查试验结果	合同规定值
叶片转角 $\beta/(°)$	0	0	
导叶开度 $\alpha/(°)$	53	52.3	
单位转速 $n_1'/(r \cdot min^{-1})$	155	154.97	
单位流量 $Q_1'/(L \cdot s^{-1})$	1750.00	1732.97	
模型水轮机最优效率/%	93.80	93.83	93.75
对应原型水头 H_p/m	12.58	12.59	
对应原型流量 $Q_p/(m^3 \cdot s^{-1})$	368.02	364.51	
对应原型机出力 P_p/MW	43.398	43.020	
原型水轮机最优效率/%	95.94	95.96	95.91

接下来进行了设计工况点的能量试验、空化试验和压力脉动试验，试验在装置空化系数下进行，根据初步试验的结果，选择额定叶片转角 $\beta=10.7°$，选择额定水头 8.6m，进行不同导叶开度的能量试验，完成之后即可确定水轮机的效率和出力指标，试验结果见表3.1－6。

表 3.1－6　　　　　　　　　　　原型水头 8.6m 额定工况点检查试验

水轮机 D629	初步试验结果	检查试验结果	合同规定值
叶片转角 $\beta/(°)$	10.7	10.7	
导叶开度 $\alpha/(°)$	69.9	69.7	
单位转速 $n_1'/(r \cdot min^{-1})$	187.470	187.584	
单位流量 $Q_1'/(L \cdot s^{-1})$	3026.49	3033.56	
模型水轮机额定效率/%	90.74	90.65	90.5
对应原型水头 H_p/m	8.6	8.59	8.6
对应原型流量 $Q_p/(m^3 \cdot s^{-1})$	526.22	527.14	528.0
对应原型机出力 P_p/MW	41.0	41.01	41.0
原型水轮机额定效率/%	92.73	92.68	92.51

额定点空化试验，电站装置空化系数按下式计算：$\sigma_p=(10-H_s-\nabla/900)/H$，水轮机安装高程为 $\nabla=22.8m$，额定水头下的吸出高度 $H_s=-12m$，得到真机额定点装置空化系数 $\sigma_p=2.555$；空化试验进行临界空化系数及初生空化系数试验，在电站装置空化系数下进行转轮叶片空化观测、照相，试验结果见表 3.1－7。临界空化裕量 $k_{\sigma_1}=\sigma_p/\sigma_1=1.331$，满足合同规定的 1.1 倍要求。

额定工况点压力脉动试验，压力脉动试验的测量点位置在尾水锥管距转轮桨叶中心线 $1.0D_1$ 位置。试验在水轮机协联工况、电站装置空化系数条件下进行，空化系数参考面高程规定为桨叶中心线，测定压力脉动振幅与频率。试验中压力脉动幅值被定义为压力脉动波形的双振幅峰峰值（混频）与试验水头的比值，用 $\Delta H/H$ 表示。试验结果见表 3.1－7。

表 3.1-7 额定工况空化和压力脉动检查试验结果

项 目		初步试验	检查试验
净水头/m		8.6	
单位转速 $n_1'/(\text{r} \cdot \text{min}^{-1})$		187.47	
尾水位/m		34.8	
吸出高度 H_s/m		-12	
装置空化系数 σ_p		2.555	
叶片转角 $\beta/(°)$		10.7	10.7
出力/MW		41.0	41.01
临界空化系数 σ_1		1.87	1.92
临界空化裕量 $k_{\sigma_1}=\sigma_p/\sigma_1$		1.366	1.331
初生空化系数 σ_i		$<\sigma_p$	2.32
安全裕量 $k_i=\sigma_p/\sigma_i$		>1.0	1.101
压力脉动混频比值（$\Delta H/H$）/%	测点 1	5.0	3.28
	测点 2	5.2	3.17
	测点 3	4.9	4.16
	测点 4	5.3	5.32
压力脉动主频比值（$\Delta A_1/H$）/%	测点 1	—	0.56
	测点 2	—	0.66
	测点 3	—	0.94
	测点 4	—	1.15

此外还补做了低水头 4m 和 2.9m 的压力脉动等试验，$H_p=4.0\text{m}$ 时，最大压力脉动混频比值 $\Delta H/H$ 为 13.06%，大于合同规定的 9%；最大压力脉动主频比值 $\Delta A_1/H$ 为 5.01%。$H_p=2.9\text{m}$ 时，最大压力脉动混频比值 $\Delta H/H$ 为 23.69%，大于合同规定的 15%；最大压力脉动主频比值 $\Delta A_1/H$ 为 5.11%。在 2.9m 水头下，用闪频仪观察，叶片正压面存在脱流现象，这主要是由于叶片冲角太大造成的。

通过模型试验检查，得出东电公司开发的模型转轮初步结论如下：

（1）模型检查试验结果表明，最优工况模型水轮机的效率为 93.83%，相应的原型的水轮机效率为 95.96%；额定工况模型水轮机的效率为 90.65%，相应的原型的水轮机效率为 92.68%，水轮机额定功率 41.0MW。

（2）初步模型试验检查结果表明，D629 转轮在额定工况，临界空化裕量 $k_{\sigma_1}=\sigma_p/\sigma_1=1.331$，满足合同规定的 1.1 倍要求。

（3）初步模型试验检查结果表明，D629 转轮在额定水头区域，最大压力脉动混频比值 $\Delta H/H$ 为 5.32%，最大压力脉动主频比值 $\Delta A_1/H$ 为 1.15%；D629 转轮在额定水头区域具有较好的水力稳定性。

（4）在低水头压力脉动试验中，发现超出合同保证值，要求东电公司做进一步优化，改善水轮机的稳定性，以满足合同要求。

通过对阿尔斯通公司水力研发进度的了解和东电公司模型转轮初步试验的复核，掌握了两家公司进度情况。东电公司的模型研发工作虽然与合同相比有所滞后，但总体还在可控范围，公司对峡江机组模型转轮研发也更为重视。通过复查可以看到，除低水头段压力脉动超过合同之外，其他指标均达到合同要求。阿尔斯通公司相比滞后合同时间较多，研发能力有待加强。

3.1.4　水轮机模型验收试验

3.1.4.1　验收试验的计划安排

为了解模型验收试验前期准备情况，2011年4月7日检查组还专程去瑞士洛桑联邦理工学院水力机械试验室参观交流，洛桑试验室负责人介绍了试验室基本情况和试验过程，试验室的供水恒温控制系统可以保证水温变化很小，能有效减少环境温度对试验带来的不利影响。模型机组安装周期一般需要4～5周，常规试验大约需要2～3周，验收试验大约需要1周时间。业主代表询问了试验室贯流试验台近期试验安排，并希望阿尔斯通公司和东电公司的模型验收试验在同一座试验台进行，根据试验室的初步安排，6月9日开始组装阿尔斯通公司模型机组，7月18日开始试验，模型见证试验时间初步安排在8月上旬。东电公司9月上旬开始试验，见证试验大约在9月底或10月初，现场看到东电公司委托加工的水力流道正在制作加工，表面光洁度很高。

3.1.4.2　试验台的差异性

阿尔斯通公司T6试验台的测功型式与洛桑试验台不一样。T6试验台测功电机在灯泡头外，齿轮箱前放置扭矩仪，而洛桑的测功电机在灯泡头内，扭矩仪放在齿轮箱后。由于齿轮箱有一定损耗，对标定略有差异，但结果应该是一样的。其次，T6试验台水轮机轴伸入灯泡头，管形座可以做得和真机完全相似，但洛桑的测功轴是从管形座伸出来的，管形座比真机偏大，对水力性能有些影响。东电公司试验台与洛桑试验台比较吻合，无异型差别。

3.1.4.3　模型试验台介绍

根据合同规定，峡江电站水轮机模型验收试验在洛桑水力机械试验室进行，该试验室是世界最著名的中立试验室，共有3个通用试验台，可对立式（卧式）的水泵、水轮机以及水泵水轮机进行模型试验。试验台装备有精度很高的测量设备，模型水轮机效率试验测量的不确定度为±0.202%。该精度为预示值，最终值在每次试验结束后根据率定数据计算得到。试验台采用的模型水轮机转轮直径为400mm，1号试验台主要参数见表3.1-8，结构见图3.1-3。

表 3.1-8　　　　　　　　　　　　1号试验台主要参数

测功电机功率 /kW	最高试验水头 /m	最大测试流量 /(L·s^{-1})	测功电机转速 /(r·min^{-1})	水泵驱动功率 /kW
300	100	1400	1500	900

3.1.4.4　东电公司机组模型验收试验

2011年9月26日至10月7日在洛桑试验室对东电公司峡江模型转轮进行验收试验，

图 3.1-3　EPFL1 号试验台结构图

采用抽查的方式选定覆盖峡江运行区域的两个桨叶角度，在对传感器率定完后，进行了能量试验、空化试验、初生空化观察、压力脉动试验、飞逸转速试验。

（1）能量试验。水轮机叶片角度选定为 $\beta=11.0°$（额定工况）和 $\beta=-4.0°$ 两个角度，试验结果见表 3.1-9 和表 3.1-10。

表 3.1-9　　　　　　　　　水轮机叶片转角 $\beta=11.0°$ 效率点验收试验

项　　目		数　　值	
$\beta=11.0°$	能　量　试　验	10.93	8.60
模型试验	单位转速 $n_1'/(\mathrm{r \cdot min^{-1}})$	166.29	187.52
	单位流量 $Q_1'/(\mathrm{m^3 \cdot min^{-1}})$	2670	3036.7
	模型效率/%	92.20	90.86
	原型效率/%	94.30	92.96
	原型出力/MW	52.67	41.18
验收试验	单位转速 $n_1'/(\mathrm{r \cdot min^{-1}})$	166.42	186.97
	单位流量 $Q_1'/(\mathrm{m^3 \cdot min^{-1}})$	2655.62	3017.2
	模型效率/%	92.27	90.57
	原型效率/%	94.36	92.67
	原型出力/MW	52.30	41.16
保证值	模型效率/%		90.50
	原型效率/%		92.51
	原型出力/MW		41.0

表 3.1 - 10　　　　　　　　水轮机叶片转角 $\beta = -4.0°$ 效率点验收试验

项　　目		数　　值		
$\beta = -4.0°$	能 量 试 验	13.00	10.93	8.60
模型试验	单位转速 $n'_1/(\text{r} \cdot \text{min}^{-1})$	153.1	167.3	187.47
	单位流量 $Q'_1/(\text{m}^3 \cdot \text{min}^{-1})$	1465.7	1570.2	1720.0
	模型效率/%	93.65	93.41	92.6
	原型效率/%	95.75	95.51	94.70
验收试验	单位转速 $n'_1/(\text{r} \cdot \text{min}^{-1})$	152.76	166.28	187.11
	单位流量 $Q'_1/(\text{m}^3 \cdot \text{min}^{-1})$	1458.6	1557.9	1716.0
	模型效率/%	93.50	93.46	92.54
	原型效率/%	95.59	95.56	94.63

（2）空化试验。峡江电站装置空化系数采用以下公式计算：$\sigma_p = (10 - H_s - \nabla/900)/H$，水轮机安装高程 $\nabla = 22.80\text{m}$，H 为水头，额定水头下的吸出高度 $H_s = -12\text{m}$，得到真机额定装置空化系数 $\sigma_p = 2.555$。

对于贯流机组来说最主要的是要确定初生空化产生，进而确定初生空化系数；而临界空化系数主要用于混流式机组，空化试验进行了临界空化系数及初生系数试验，临界空化系数取空化发生时效率下降 1% 作为考核点，在电站装置空化系数下进行转轮叶片空化观察（图 3.1 - 4）、照相。电站装置空化系数及临界空化裕量见表 3.1 - 11。

图 3.1 - 4　空化观察

表 3.1 - 11　　　　　　　　电站装置空化系数及临界空化裕量

水头/m	出高度/m	装置空化系数	σ_1	$k_{\sigma_1} = \sigma_p / \sigma_1$	k_{σ_1} 保证值
8.60	-12.0	2.555	1.9563	1.31	1.1

（3）压力脉动试验。水轮机桨叶角度选定为 $\beta = -4.0°$，压力脉动的试验的测量点位置在尾水锥管距转轮桨叶中心线 $1.0D$ 位置，试验在水轮机协联工况和电站装置空化系数条件下进行。空化系数参考面高程规定为桨叶中心线，测定压力脉动振幅和频率。

试验中压力脉动幅值被定义压力脉动波形的双振幅峰峰值（混频）与试验水头的比值，用 $\Delta H/H$ 表示，试验结果见表 3.1 - 12。

表 3.1 - 12　　　　　　　　　压力脉动试验结果

水头/m	模型试验结果	验收试验结果	合同保证值	水头/m	模型试验结果	验收试验结果	合同保证值
14.39	3.08	3.26	3	4.00	6.2	3.76	9
10.93	2.6	1.07	4	3.00	7.3	—	15
8.60	2.1	1.30	7	2.90	—	10.81	15
6.50	—	1.75					

（4）飞逸转速试验。试验在选定水轮机桨叶角度选定为 $\beta=-4.0°$ 下进行。在给定导叶开度下，调节测功电机的转速，使水轮机输出力矩近似为 0（绝对值小于 1.0N·m），测量模型水轮机的单位飞逸转速，试验结果见表 3.1 - 13。

表 3.1 - 13　　　　　　　　　飞逸转速试验结果

水轮机参数	合同保证值	模型试验结果	验收试验结果
叶片转角 $\beta/(°)$	—	0	—4.0
导叶开度 $\alpha/(°)$	—	80	75
单位飞逸转速/(r·min^{-1})	—	446.24	442.39
原型飞逸转速/(r·min^{-1})	210	219.84	217.94

（5）尺寸检查。模型验收试验结束后，验收专家检查了模型水轮机的部分尺寸。

（6）试验结果小结。

1）额定点能量性能。在额定水头 8.6m，发额定功率 41.0MW 时，原型水轮机的额定点效率为 92.67%，满足合同保证值 92.51%，相应工况点的模型效率为 90.57%，满足保证值 90.50%；相应工况点流量 526.07m³/s，满足保证值 528.0m³/s。

2）加权平均效率。根据模型试验结果，得到水轮机模型加权平均效率为 92.96%，满足保证值 92.75%；原型加权平均效率为 95.05%，满足保证值 94.88%

3）最高效率。根据模型试验结果计算得到水轮机模型最高效率为 93.66%，保证值为 93.75%；换算到原型水轮机的最高效率为 95.76%，保证值为 95.91%；分别低于保证值 0.09% 和 0.15%。

4）空化性能。在额定工况，临界空化系数 σ_1 为 1.95，临界空化裕量 $k_{\sigma_1}=\sigma_p/\sigma_1=1.31$，满足合同规定的 1.1 倍要求。

5）压力脉动。在运行范围内，压力脉动混频比值 $\Delta H/H$ 基本满足合同要求（在最大发电水头 14.39m，压力脉动值为 3.26%，超出合同值 3% 的 0.26%）。

6）飞逸特性。通过模型试验结果计算，原型最大飞逸转速为 219.84r/min，超出了合同保证值 210r/min，要求东电公司重新进行强度计算，以保证机组安全稳定运行。

7）后续工作。试验方补充进行桨叶 14° 的试验，并在 2 个月内提交最终试验报告。

8）结论。最高效率没有达到合同要求，但相差不大，但对于电站来说作重要的是稳定性和加权平均效率。最高效率点工况在实际运行中，出现概率很少，在机组现场测试性能保证中也不作为违约赔偿的考核点。最大水头时的压力脉动值超出合同 0.26%，但其绝对值相对较小，对机组稳定运行不会造成影响。所以，验收组认为模型验收试验结果基本满足合同要求，验收试验结果可作为水轮机原型设计、制造和验收依据。东电公司首台 8 号机组自 2013 年 12 月投运以来，一切正常，各项指标达到合同规定要求。

3.1.4.5 阿尔斯通机组模型验收试验

2011 年 12 月 5—17 日在瑞士洛桑试验室 PF1 试验台对阿尔斯通公司峡江水电站水轮机模型转轮进行验收试验，采用抽查的方式选定覆盖峡江电站水轮机主要运行区域的三个桨叶角度（24.96°、14.96°、36.62°）进行了水力性能主要指标的模型验收试验，内容包括能量试验、空化试验、初生空化观察、压力脉动试验、飞逸转速试验及尺寸检查。

（1）率定。洛桑试验室在模型试验前根据 IEC 规程要求对测量设备进行了原位率定，买方同意按此率定结果进行模型验收试验。

（2）性能试验。首先进行效率和功率试验，在协联运行工况下进行检查试验，结果见表 3.1-14。

表 3.1-14　　　　　　　　　　　　　　水 轮 机 性 能 试 验

叶片角度 /(°)	真机水头 /m	导叶角度 /(°)	真机出力 /MW	模型效率 /%	真机效率 /%
24.96	12.95	57	43.52	93.81	96.10
	10.95	61	36.3	93.76	95.70
	8.6	66	27.76	92.69	94.66
14.96	14.38	43	31.64	92.67	94.60
	12.94	44	27.88	93.20	95.06
	10.91	48	23.20	93.02	94.87
	8.61	53	17.65	91.74	93.68
	2.99	72	4.39	69.67	71.53
36.62	8.61	76	40.96	90.54	92.48

主要性能指标与合同保证值比较，结果见表 3.1-15。

表 3.1-15　　　　　　　　　　主要性能指标与合同保证值　　　　　　　　　　　　%

项目	初步试验成果	验收试验值	合同保证值
额定点模型效率	90.51	90.54	90.5
额定点原型效率	92.32	92.48	92.27
模型加权平均效率	93.33	—	93.06
原型加权平均效率	95.24	—	95.04
模型最高效率	94.19	94.37	94.0
原型最高效率	96.19	96.31	96.06

（3）空化试验。对以下水头真机的最优效率点进行空化试验，试验结果与 ALSTOM 提供的初步试验报告中的试验结果相符合，满足合同要求，结果见表 3.1-16。

表 3.1 - 16　　　　　　　　　　　　　　主 要 空 化 试 验 结 果

叶片角度/(°)	真机水头/m	σ_p	σ_1	$k_{\sigma_1} = \sigma_p/\sigma_1$	保证值
24.96	13.0	1.51	0.76	1.99	
	10.93	1.81	0.99	1.83	
	8.6	2.78	1.01	2.75	
14.96	14.39	1.31	0.61	2.15	>1.1
	13.0	1.51	0.57	2.65	
	10.93	1.81	0.64	2.83	
	8.60	2.78	<0.8	>3.48	
	3.0	9.26	5.39	1.72	
36.62	8.60	2.78	2.07	1.34	

（4）飞逸试验。在桨叶角度 14.96°，不同导叶开度下测量了飞逸转速，验收试验结果与阿尔斯通提供的初步模型试验报告的结果相符。

（5）压力脉动试验。在以下水头测量了电站装置空化下的压力脉动，验收试验结果与阿尔斯通提供的初步试验报告中的试验结果相符合，满足合同要求，结果见表 3.1 - 17。

表 3.1 - 17　　　　　　　　　　　　　　压 力 脉 动 试 验 结 果

叶片角度/(°)	真机水头/m	最大双振幅相对值（$\Delta H/H$）/%	保证值
24.96	13.0	0.96	—
	10.93	1.31	3
	8.6	1.51	3
14.96	14.39	0.55	2
	13.0	0.55	—
	10.93	0.70	3
	8.60	0.86	3
	3.0	2.43	8
36.62	8.60	2.11	3

（6）尺寸检查。验收组对模型转轮叶片及流道尺寸进行了检查，检查结果满足 IEC 规程规定的真机、模型相似性要求。

（7）验收结论。买方接受上述模型验收试验的结果及转轮和水力流道的设计，模型验收试验的结果与阿尔斯通初步试验的结果相符，满足合同要求。买方同意验收试验结果作为卖方水轮机原型设计、制造和验收的依据。

峡江电站首台机组于 2013 年 9 月 1 日启动试运行，顺利通过 72h 考核投入商业运行，后续机组均一次投运成功，运行一切正常，标志着峡江电站机组从模型参数的确定、转轮的开发等各环节取得了巨大成功，主要技术指标达到了世界先进水平。

3.2 同江河泵站水泵装置模型试验研究

3.2.1 工程概况

同江河泵站是江西省峡江水利枢纽库区最大也是最重要的一座泵站，是江西省重点工程——峡江水利枢纽的配套工程，其作用为排除同江河防护区内的涝水和渍水，调控地下水位。泵站排涝面积 77.99km²，最大净扬程 9.3m，设计净扬程 6.2m，平均扬程 6.0m，最低净扬程 2.4m，设计排涝流量 66.7m³/s，泵站水泵模型选用了南水北调天津同台对比试验中的 TJ11 - HL - 03 号模型转轮，混流泵比转速介于离心泵与轴流泵之间，具有空化性能好、可靠性高和高效区宽等优点，在低扬程泵站中得到了较为广泛的应用。泵站配有 4 台立式全调节混流泵，型号为 2100HLQ17.5 - 6.2，叶轮直径为 2100mm，配套同步电机型号为 TL2000 - 30/3250，单机容量为 2000kW，总装机容量为 8000kW。泵站采用堤后式布置，进水流道选用肘形流道，出水流道选用水平出水流道，工程布置示意图见图 3.2 - 1。

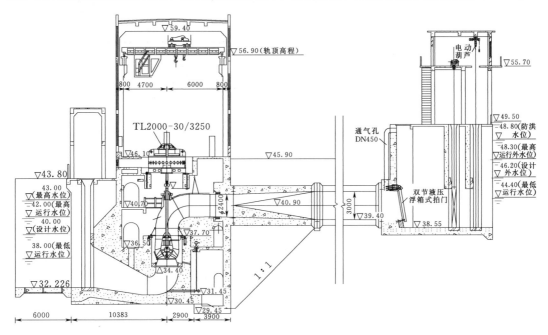

图 3.2 - 1 泵站横剖面布置图

工程采用了数值模拟方法对泵装置及流道进行了优化水力设计，为检验泵站机组在整个扬程范围内是否运行稳定、可靠，且具有较高的泵站装置效率，在水力模型通用试验台进行了泵装置的模型试验和研究，主要包括能量、空化、飞逸、脉动压强、水泵启动功率、压差测流、全流道阻力损失试验等，以确保泵站建成后可靠稳定运行。

3.2.2 水泵装置模型试验

在中水北方勘测设计研究有限责任公司（以下简称中水北方设计公司）水力模型通用试验台上进行了同江河泵站水泵装置模型试验。该试验台于 2004 年通过了水利部组织的技术鉴定，试验台效率综合允许不确定度为±0.3％，随机不确定度在±0.1％以内，综合技术指标居国内领先水平。试验台水力循环系统图见图 3.2 - 2。

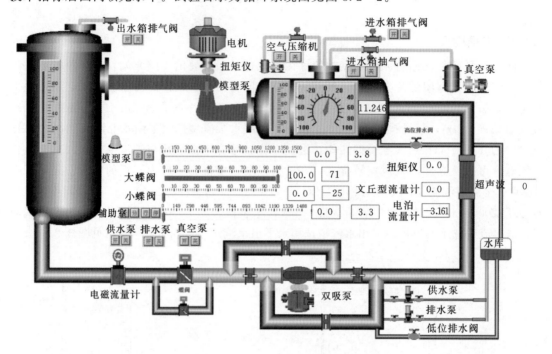

图 3.2 - 2　试验台水力循环系统图

试验依据《水泵模型及装置模型试验验收规程》（SL 140—2006）进行，水泵模型叶轮直径为 300mm，叶片数为 4，导叶为 6 叶片，平均叶片外缘间隙为 0.2mm；选用肘形进水流道和水平出水流道作为模型试验用流道；试验转速为 1200r/min，试验最小雷诺数 $Re = 6.354 \times 10^6$，验收试验规程要求大于 4×10^6（试验水温大于 25℃）。模型转轮直径、试验雷诺数等试验指标满足验收试验规程要求。

试验对 6 个叶片角度的能量、空化、飞逸特性、脉动压强等进行了试验；此后进行了验收试验，验收试验的内容包括仪器设备的有效期确认和检查、叶片指定角度的效率试验和该角度指定典型工况的空化试验。验收试验后，根据验收意见又补充了水泵启动功率试验、进水流道压差测流试验和全流道阻力损失试验。

3.2.2.1　能量试验

对水泵模型叶轮进行了 6 个角度的能量试验。试验范围涵盖了泵站最大、最小扬程，试验结果见图 3.2 - 3，模型最优工况能量试验数据见表 3.2 - 1。

表 3.2 - 1　　　　　　　　　　　模型最优工况能量试验数据

角度/(°)	流量/(L·s⁻¹)	扬程/m	效率/%	角度/(°)	流量/(L·s⁻¹)	扬程/m	效率/%
−8	232.35	3.58	77.95	−2	301.80	4.51	78.18
−6	254.78	3.80	78.12	0	325.80	4.80	77.37
−4	277.16	4.09	78.70	2	347.86	5.18	76.66

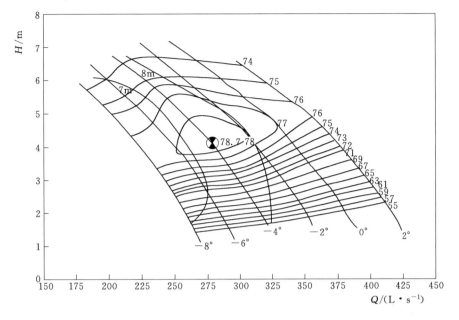

图 3.2-3　模型综合特性曲线

表 3.2-1表明：泵装置模型最高效率为78.7％，其合同保证值为78.5％，设计扬程和平均扬程时泵站装置效率为78.0％，合同保证值为77.0％和77.5％，均达到了合同保证值要求，效率高于75.0％的高效区涵盖范围广。

3.2.2.2　空化试验

针对叶片角度为－4°、流量308.73L/s工况的空化特性进行了重复性试验，第二次试验时对转轮进口及进水流道重新密封、加固。最终试验结果表明：两次试验的结果均在误差范围之内，重复性良好。试验结果见图3.2-4。

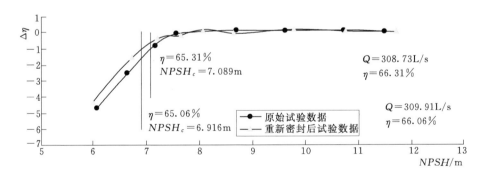

图 3.2-4　空化重复性试验曲线 $Q=308.73L/s$

Q—试验流量；$NPSH$—试验空化余量；η—试验效率；$NPSH_c$—临界空化余量

3.2.2.3　飞逸特性试验

对该模型进行了6个叶片安放角的飞逸转速试验，叶片安放角度为－8°、－6°、－4°、－2°、0、2°时，单位飞逸转速分别为 266.17r/min、253.28r/min、244.47r/min、

231.18r/min、221.51r/min、212.26r/min。试验结果表明：单位飞逸转速随着叶片安放角度的减小而增大，在转轮叶片处于最小安放角−8°时单位飞逸转速为266.17r/min，按泵站最大净扬程9.3m、叶轮直径2.1m计算，原型泵最大飞逸转速为386.5r/min。水泵装置转动部分（水泵转轮、电动机转子等）的刚度应满足386.5r/min飞逸转速要求。

3.2.2.4 脉动压强试验

进行效率试验时，通过在模型转轮导叶出口位置安装脉动压强传感器，同步测取了该位置处的脉动压强数据，传感器安装位置见图3.2−5，脉动压强试验曲线见图3.2−6。

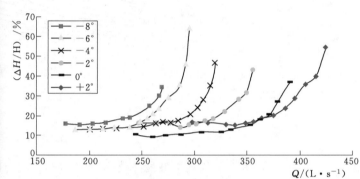

图 3.2−5 脉动压强传感器安装位置图   图 3.2−6 同江河泵站模型导叶出口脉动压强试验曲线

水泵导叶出口水脉动压强为引起机组振动的主要因素之一，在最优效率偏小流量区域为水泵脉动压强较小区域，水泵在这一区域运行具有较好的运行稳定性。

3.2.2.5 水泵启动功率试验

试验进行了从零流量到最低扬程全范围水泵轴功率测试，试验结果见图3.2−7。

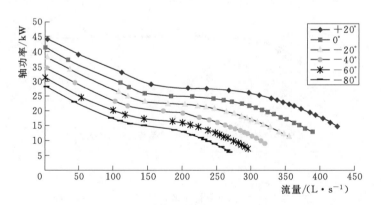

图 3.2−7 水泵工况及反向流动工况试验流量-轴功率曲线

试验结果表明：泵装置在小流量区域无明显马鞍形不稳定运行区，泵站在设计运行扬程范围内（2.4～9.3m）可稳定运行；泵站采用出口逆止拍门断流，在叶片角度为−8°条件下启动，最大轴功率不超过泵在正常运行时的最大值，可不设置启动功率。

3.2.2.6 进水流道压差测流

在进水流道肘管接近转轮进口处引出测压点接压差传感器低压侧，进水流道与进水罐衔接处引出测压点接压差传感器高压侧，进行进水流道压差测流试验，压差测流试验结果见图3.2-8。

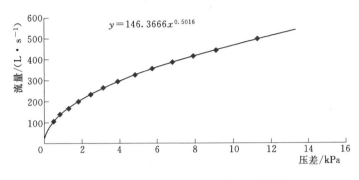

图3.2-8 进水流道压差测流试验曲线

图3.2-8表明进水肘型流道进出口压差与水泵流量之间呈良好的幂指数关系，可按照试验结果通过比尺换算后获得泵站原型压差测流系数，用于现场测量水泵抽排流量。

3.2.2.7 全流道损失试验

试验进行了正、反两个流向的全流道损失试验。压差测点分别位于进、出水大罐上，进水箱直径为3m，出水箱直径为3.6m，试验结果见图3.2-9。

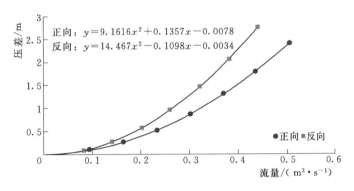

图3.2-9 全流道损失试验曲线

泵装置流道正、反向损失有较大差别，水泵正向流动呈收缩态，损失较小。水泵装置流道损失大小，是衡量泵装置效率高低和流道设计优劣的重要指标。

3.2.3 从模型换算至原型性能参数

同江河泵站模型水泵叶轮直径为300mm，试验转速为1200r/min；原型泵叶轮直径为2100mm，原型转速为200r/min。根据现有模型试验数据进行原型换算，得到原型综合特性曲线及原型压差测流关系。

3.2.3.1 原型泵性能换算

为获得原型泵的性能参数，对模型试验数据进行了原型换算，根据式（3.2-1）～式

（3.2-3）及模型试验结果，得出原型综合特性曲线见图 3.2-10，原型最优工况能量性能试验数据见表 3.2-2。《水泵模型及装置模型试验验收规程》（SL 140—2006）中规定性能试验原型泵流量、扬程及空化余量的换算公式如下：

$$Q_P = Q_M \left(\frac{n_p}{n_M}\right)\left(\frac{D_P}{D_M}\right)^3 \tag{3.2-1}$$

式中：Q_P 为原型泵流量；Q_M 为模型泵流量；n_p 为原型泵转速；n_M 为模型泵转速；D_P 为原型泵直径；D_M 为模型泵直径。

$$H_P = H_M \left(\frac{n_p}{n_M}\right)^2 \left(\frac{D_P}{D_M}\right)^2 \tag{3.2-2}$$

式中：H_P 为原型泵扬程；H_M 为模型泵扬程。

$$[NPSH]_P = \lceil NPSH \rceil_M \left(\frac{n_p}{n_M}\right)^2 \left(\frac{D_P}{D_M}\right)^2 \tag{3.2-3}$$

式中：$[NPSH]_P$ 为原型泵空化余量；$[NPSH]_M$ 为模型泵空化余量。

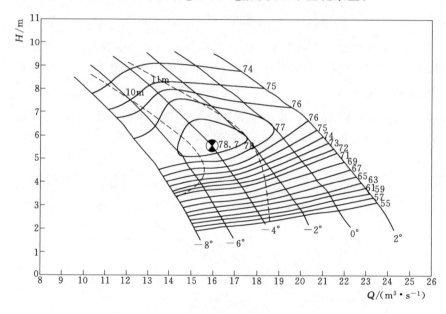

图 3.2-10　泵站原型综合特性曲线

表 3.2-2　　　　　　　　　　　原型最优工况能量性能换算数据

角度/(°)	流量/(m³·s⁻¹)	扬程/m	效率/%	角度/(°)	流量/(m³·s⁻¹)	扬程/m	效率/%
-8	13.28	4.87	77.95	-2	17.25	6.14	78.18
-6	14.57	5.18	78.12	0	18.62	6.53	77.37
-4	15.84	5.56	78.70	2	19.86	7.04	75.79

3.2.3.2　从模型换算至原型压差测流参数

对于原型泵装置，压差测流系数可采用如下方法进行换算：根据比尺，对压差测流系数的 K 值进行换算，幂指数不变，计算公式见式（3.2-4）。

$$Q_P = K_P (\Delta P)_P^{0.5016} \times 10^{-3} \tag{3.2-4}$$

其中

$$K_P = K_M \left(\frac{D_P}{D_M} \right)^2$$

式中：K_M 为模型泵装置压差系数，$K_M = 146.3666$；K_P 为原型泵装置压差系数，计算可得 $K_P = 7171.9634$；$(\Delta P)_P$ 为原型泵装置压差。

3.2.4 结论

（1）同江河泵站的 6 种叶片角度下模型泵装置最高效率在 $75.8\%\sim78.7\%$ 之间，设计扬程和平均扬程下泵站装置效率均超过 77.0%，高效率区比较宽广，试验结果表明所选泵型适合同江河泵站，且泵站空化特性较好。

（2）泵装置在小流量区域无明显马鞍形不稳定运行区；泵站采用逆止拍门断流方式，在叶片角度 $-8°$ 条件下启动，可不设置启动功率；泵装置最大飞逸转速为 386.5r/min，泵站转动部分，特别是电动机转子强度应按此转速进行设计。

（3）根据实测的水泵导叶体出口处的脉动压强指标可以看到，减小叶片角度对降低脉动压强是有效的。在最优效率偏小流量区域为水泵水力脉动较小区域，水泵在这一区域运行具有较好的运行稳定性。

（4）进口差压与水泵测流呈现良好的幂指数关系，可用于泵站测量水泵流量，以检验原型水泵工作性能。

第4章 厂房温度应力仿真与温控措施研究

4.1 概　　述

4.1.1 峡江水电站厂房的结构

峡江水电站主厂房（坝段）总长 208.8m，顺水流方向总宽 91.70m。电站安装 9 台水轮发电机组，永久缝一机一缝。在顺水流方向，主厂房（坝段）依次分为进口段、主厂房段及出口段，各段结构布置如下：

（1）进口段长为 21.50m，底板高程为 14.25m，底板厚 3.5m，进水流道的断面尺寸为 16.2m×17.5m（宽×高），进水口设有拦污栅和检修门各一道，分别采用清污抓斗清污和双向门机启闭。为减少拦污栅跨度，流道中间设有中隔墩，拦污栅孔口尺寸为 8.4m×37.85m（宽×高），检修门孔口尺寸为 16.20m×17.80m（宽×高）。拦污栅中隔墩厚为 2.4m，左端左边墩厚为 7.0m，右端右边墩厚为 4.0m，进水流道中墩厚为 3.0～6.0m，缝墩厚为 1.5～3.0m。坝顶交通桥设于进口闸墩顶部，桥面高程为 51.20m。

（2）主厂房运行层高程为 38.75m，高程 38.75m 以下进水口闸门至转轮中心的水平距离为 25.6m，转轮中心至尾水管出口的水平距离为 39.6m。底板厚 4.7～5.0m。水轮机机坑层高程为 12.00m，主厂房建基面最低高程为 4.50m，置于微风化岩层上。高程 38.75m 以上，主厂房尺寸为 208.8m×30.0m×56.90m（长×宽×高）。主厂房上游挡水墙厚 4.0m，墙内设有交通廊道、送风廊道及交通廊道。运行层沿水流方向自上而下分别设有发电机吊物孔和水轮机吊物孔，发电机吊物孔尺寸为 10.5m×6.2m（长×宽），水轮机吊物孔尺寸为 16.0m×6.5m（长×宽），沿机组中心线布置。吊物孔左、右两侧分设水机廊道及电缆廊道，廊道贯穿主厂房上下游，廊道底高程均为 35.00m。水机廊道尺寸为 2.0m×3.75m（宽×深），电缆廊道尺寸为 1.5m×3.75m（宽×深），水机机坑层底板高程为 12.00m，尺寸为 18.6m×6.3m（长×宽），各机坑之间设交通廊道连接，交通廊道尺寸为 3.5m×2.8m（高×宽）。水轮机机坑下游设有检修排水廊道及渗漏排水廊道，检修排水廊道底板高程为 10.00m，渗漏排水廊道底板高程为 9.00m；检修排水廊道长 195.8m，渗漏排水廊道长 207.8m，廊道宽均为 2.5m。3～4 号机组之间设检修集水井，5～6 号机组之间设渗漏集水井，集水井尺寸为 7.5m×3.5m×2.5m（长×宽×深），集水井建基面高程为 4.90m。

（3）出口段长 5.0m，尾水管出口的断面尺寸为 16.2m×13.6m（宽×高），每台机出口均设有一扇事故闸门，采用门机启闭。底板高程为 16.20m，底板厚 4.7m。左端左边墩厚 8.5m，右端右边墩厚 5.5m，中墩厚 6.0m，缝墩厚 3.0m。

主厂房横剖面及平面布置图见图 4.1-1 和图 4.1-2。

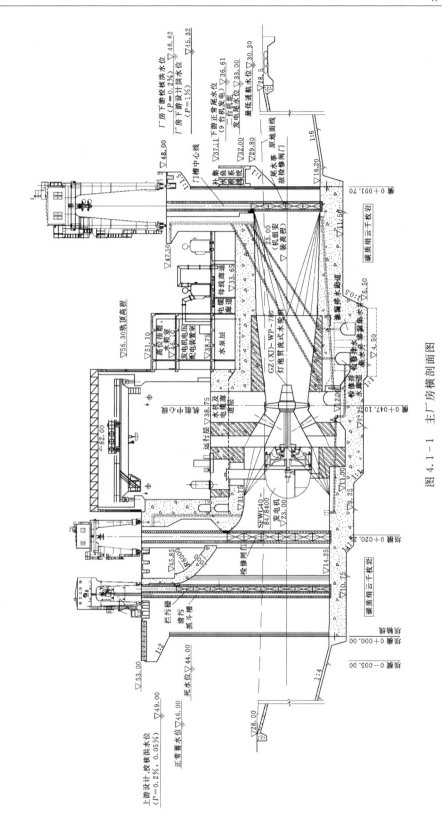

图 4.1 - 1 主厂房横剖面图

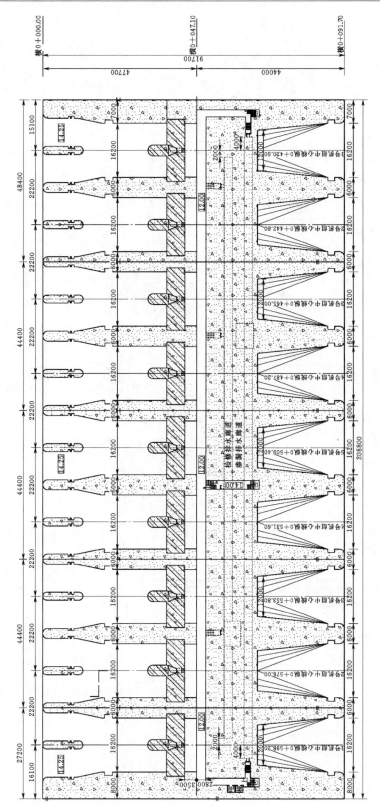

图 4.1 - 2 主厂房平面布置图

4.1.2 厂房坝段施工进度安排

根据施工进度安排，峡江电站从 2011 年 8 月 1 日开始至 2014 年 11 月 30 日竣工，工期 40 个月。主厂房、进水闸、尾水闸混凝土按结构缝分段分层通仓浇筑，采用 1 机 1 缝方案，相邻段跳仓施工。高程 16.20m 以下的混凝土浇筑层厚 1.5m，间歇 5d，约 6 层，平均每 20d 浇筑一层，高程 16.20～33.65m 的混凝土浇筑层厚 3.0m，间歇 6d，约 6 层，平均每 20d 浇筑一层。进水闸、尾水闸混凝土浇筑至高程 33.65m 暂停施工，进行安装间、主厂房、副厂房混凝土浇筑，等安装间、主厂房、副厂房混凝土浇筑至高程 51.50m 以后，再进行进水闸、尾水闸混凝土浇筑，2012 年 9 月 30 日，主厂房和安装间一期混凝土浇筑完毕，2013 年 3 月 1 日，进水闸和尾水闸混凝土浇筑完毕。

由于坝段多，假定坝段分别从 2 月、5 月、8 月、11 月开始浇筑混凝土，从而确定对不同情况下的不同坝段，确定其温控措施和结构措施（分缝）。

4.1.3 研究的内容及需要解决的难题

水电站厂房结构复杂，下部有大体积混凝土结构，上部有框架式钢筋混凝土薄壁结构，施工中采用分块、分缝、跳仓浇筑，温度应力仿真分析异常复杂，温控设计难度较大，主要研究内容如下：

（1）准稳定温度场计算。由于底板厚度较小，且上部过水，其余部位情况类似，很难形成稳定温度场，因此需要用冬季的准稳定温度场作为计算温差的起点。若水轮机流道上下游闸门启闭频繁且有规律，则还需考虑闸门启闭的影响。

（2）温控标准研究。根据温度场计算结果，提出混凝土基础温差控制标准。

（3）施工期与运行期温度场与应力场计算。详细考虑气象水文、材料特性、施工进度、温控措施，进行 3D 有限元仿真计算，对多种工况（分缝-施工进度-温控措施方案）进行对比、优选。

（4）推荐合理的分缝-施工进度-温控措施方案。根据对各工况的对比，找出规律，提出满足温控要求的、合理的分缝-施工进度-温控措施方案。

4.2 计算理论与软件

4.2.1 温度场计算基本理论

在混凝土坝仿真分析中，温度荷载是基本作用荷载。坝体温度变化是一个热传递问题，用有限元法求解有下面几个优点：①容易适应不规则边界；②在温度梯度大的地方，可局部加密网格；③容易与计算应力的有限单元法程序配套，可将温度场、应力场和徐变变形三者用一个统一的程序计算。仿真应力计算中需考虑混凝土温度、徐变、水压、自重、自生体积变形和干缩变形等的作用。

为全面反映温度对厂房坝段结构特性的作用与影响，需要研究厂房坝段施工期的温度场、初期蓄水过程中坝体随气温与水温等因素变化的变化温场、运行蓄水期的稳定（准稳定）温度场。根据热量平衡原理，导出固体热传导基本方程。

混凝土在升温时全过程膨胀，降温时体积收缩，而体积膨胀或收缩的大小，与混凝土线膨胀系数、温升或温降值及坝块尺寸大小成正比。当混凝土与其他物体相连接时，其温度变化引起的体积变形（膨胀或收缩）便不能自由发生，要受到连接物体的限制，即受到外部约束，从而引起温度应力，对于通仓浇筑的混凝土拱坝，基础以及已经浇筑的下部老混凝土的约束作用更加显著。另外，如果坝块的温度变化在截面上的分布是非线性的，即造成坝块内部质点体积变形的不协调、相互约束而不能自由发生，也将在坝体内引起应力，这种情况即谓受内部约束。

在工程投入运转前，需要通过灌浆把各坝块连成整体。为了保证连接的整体性和稳定性，块与块间的缝面不再张开，要求把各坝块内部温度降到坝体稳定温度。由于坝块尺寸大，靠自然散热是不够的，还需要借助人工冷却来降温。这样坝块从开始的最高温度到建成后的稳定温度，就存在一个温度变化过程与温差（最高温度减去稳定温度），这一温差可由温度场分析得到，这样就可以用有限单元方法来计算温度应力。

4.2.2　计算软件

工程采用的程序是 FORTRAN 程序编制的计算大体积混凝土结构温度场与应力场的计算程序 SAPTIS，可用于分析二维、三维问题，在一套网格内用有限元法求解温度场、应力场，主要特点如下：

（1）该程序用于结构施工期累积温度场及仿真应力场的计算。

（2）可以考虑混凝土分层浇筑方式、入仓温度、浇筑厚度、施工期间歇、混凝土及基础弹模的变化、外界水温及气温的变化、混凝土的自生体积变形及徐变影响等复杂因素，能够模拟实际的施工运行过程。

（3）丰富的单元库。三维问题有 8～20 变节点六面体等参元，6～15 变节点五面体等参元和 8 节点六面体等参元；二维问题有三角形单元，4～8 节点四边形等参元；另有杆单元，节理单元、接触单元等。

（4）具有多种求解方法，可以选用直接解法或迭代法求解大型线性方程组，具有速度快、存储量小的特点，可利用微机进行大型混凝土结构的仿真分析及一般结构应力与变形分析。

（5）可以输出高斯点应力和节点应力。

（6）有一套完善的数据查错功能。

（7）另配有一套完善的前后处理程序。

4.3　厂房坝段计算模型

由于中间 7 台机组结构尺寸完全相同，计算模型选定厂房 5 号机组整个坝段，其上部为框架式混凝土结构，下部为大体积混凝土结构，参考以往计算经验，计算模型中厂房范围取高程 51.20m 下大体积混凝土结构部分，坝基范围为：上下游方向取坝高的 2.5 倍，地基深度取 2 倍坝高。厂房坝段有限元计算模型见图 4.3 - 1。

厂房坝段有限元计算网格中，单元总数 123298，节点总数 134796。

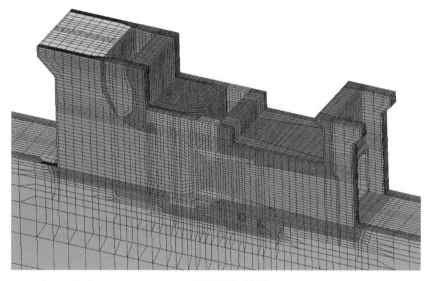

(a)整体模型侧视

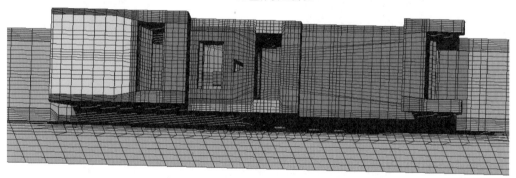

(b)整体模型顶视

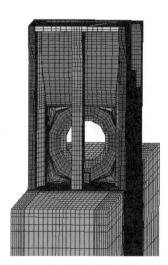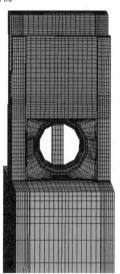

(c)整体模型上游   (d)整体模型下游

图 4.3-1（一） 厂房坝段有限元计算网格示意图

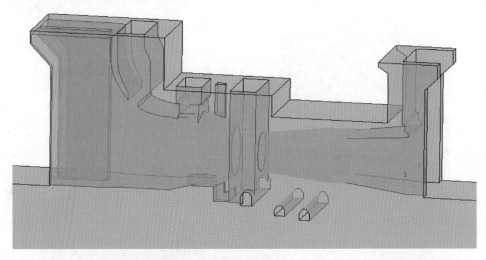

（e）整体模型透视

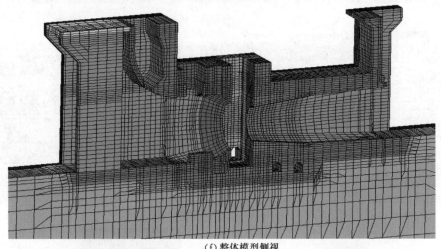

（f）整体模型侧视

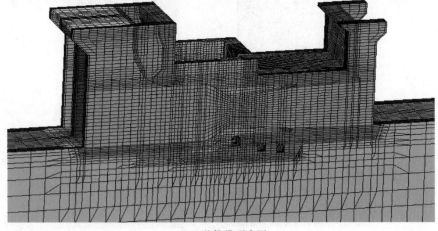

（g）整体模型中面

图 4.3-1（二）　厂房坝段有限元计算网格示意图

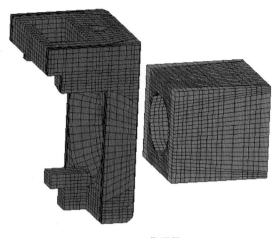

（h）二期混凝土

图 4.3-1（三） 厂房坝段有限元计算网格示意图

4.4 厂房坝段不同施工进度下温度应力仿真分析

为真实地反映水电站厂房复杂施工过程中温度及应力的变化过程，使用非线性有限元仿真分析方法模拟水电站厂房实际的施工运行过程，即考虑混凝土分层跳仓浇筑方式、入仓温度、浇筑厚度、施工期间歇、混凝土及基础弹模的变化、外界水温及气温的变化、混凝土的自生体积变形及徐变影响等复杂因素，计算出厂房结构任意时刻的温度场和应力场。通过分析不同结构措施和温控措施下厂房的计算成果，确定合理的结构措施和温控措施。

根据设计给定的 2 月、5 月、8 月、11 月开工的施工进度，进行全坝、全过程的仿真分析，根据应力情况确定其温控措施与结构措施。模拟实际施工过程，混凝土采用自然浇筑方式，仿真分析无结构分缝措施下厂房坝段的温度场和应力场，根据计算成果并参照类似工程经验，选定不同的结构分缝措施和温控措施，通过分析不同措施下仿真计算成果，结合工程实际情况，确定合理的温控措施和结构分缝措施。

四种施工进度下，假定自然浇筑不采取其他温控措施，厂房坝段高程方向上超过 6m 的范围内，较大部分混凝土的最大拉应力超过 2.5MPa，有的甚至超过 3.0MPa，最大拉应力值均超过混凝土允许拉应力，如不采取其他措施，会出现裂缝，对厂房坝段运行安全性产生不利影响，因此采取工程措施是必需的。

4.5 厂房坝段设计分缝措施下温度应力仿真分析

采取控制混凝土浇筑温度、水管冷却方案及结构分缝措施可解决厂房坝段的温控防裂问题。但是，如采用控制混凝土浇筑温度方案，在夏季必须具备混凝土骨料预冷系统，并且需加水管冷却及保温措施。由于厂房混凝土为钢筋混凝土结构，配筋量大，如采用水管冷却,对施工进度和钢筋混凝土施工质量会产生不利影响,因此,工程现场希望采用结构分缝加简单温控措施来满足温控防裂要求。

厂房坝段分缝一般采用在拉应力超标的高程范围内预留宽槽措施来实现,类似措施已应用于国内许多厂房坝段实际施工中,但宽槽措施有时也可能存在一些问题,首先是要求施工进度与预定的进度相差不大,再者是如在流道周边预留宽槽,宽槽一般为几十厘米宽、十余米高的窄条结构,无止水措施,易发生漏水现象,因此如需在流道周边分块浇筑,采取预留宽槽措施时,宽槽宽度要大并且需加止水措施,或采取直接分缝加止水措施。

考虑到峡江水电站水轮机安装等多种因素,采用图 4.5-1 所示分缝方案,即:将厂房坝段分成Ⅰ块、Ⅱ块、Ⅲ块、Ⅳ共四块,先浇筑Ⅰ块、Ⅲ块、Ⅳ块,后浇筑Ⅱ块。由于Ⅱ块部位在实际施工中需进行水轮机安装的有关工作,此种浇筑方案对总体施工进度影响不大。

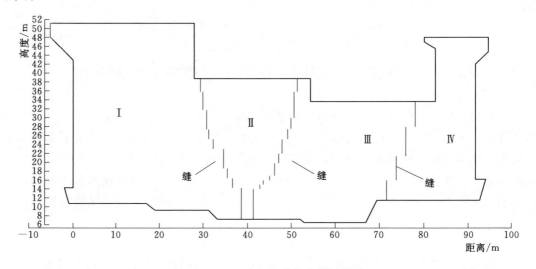

图 4.5-1 厂房坝段分块浇筑示意图

这样,峡江主厂房坝段施工混凝土分为三期,即:①一期 1:Ⅰ块、Ⅲ块、Ⅳ块混凝土;②一期 2:Ⅱ块混凝土;③二期:进水闸和尾水闸混凝土。

峡江水电站厂房主厂房坝段采用设计分缝分块方案后,通过 8 种施工进度的温度应力仿真分析,得出只要后浇筑块Ⅱ安排在低温季节浇筑,混凝土浇筑温度控制在 26℃,并且辅之以表面养护及表面保温措施,厂房坝段混凝土除中面局部小范围外,最大拉应力值不超过允许应力,满足温控防裂要求。说明设计分缝方案有效合理。

4.6　厂房坝段温度控制施工技术要求

4.6.1　厂房浇筑顺序要求

先浇筑第一段、第四段以及第三段高程 11.25m 以下部位、再浇筑第三段高程 11.25m 以上部位,最后浇筑第二段(后浇筑带)。

4.6.2 后浇筑带施工要求

后浇筑带高程 22.00～32.00m 浇筑温度不大于 23℃，高程 22.00m 以下必须在 10 月至次年 2 月间施工，如改变后浇筑带的浇筑时段和浇筑温度，需报监理批准。后浇筑带混凝土添加微膨胀剂，微应变控制在 8～10$\mu\varepsilon$。

4.6.3 温度控制标准

1. 基础温差

峡江厂房坝段底板第一段顺河向长度在 30～40m 之间，取《混凝土重力坝设计规范》（SL 319—2005）规定的最大值，底板基础温差按表 4.6-1 取。

表 4.6-1　　　　　　　　　　第一段允许基础温差

混凝土分区	允许基础温差/℃	混凝土分区	允许基础温差/℃
强约束区 [(0～0.2)L]	19	弱约束区 [(0.2～0.4)L]	22

注　表中 L 为浇筑块最大长度。

第三段和第四段顺河向、横河向长度在 20～30m 之间，取《混凝土重力坝设计规范》（SL 319—2005）规定的最大值，底板基础温差按表 4.6-2 取。

表 4.6-2　　　　　　　　　第三段和第四段允许基础温差

混凝土分区	允许基础温差/℃	混凝土分区	允许基础温差/℃
强约束区 [(0～0.2)L]	22	弱约束区 [(0.2～0.4)L]	25

注　表中 L 为浇筑块最大长度。

2. 内外温差

控制混凝土内外温差不大于 20℃。评价标准为：浇筑块在内部温度传感器测点测量的平均温度与外部温度传感器测点测量的平均温度之差。

3. 相邻块高差

(1) 混凝土施工中，各坝段应均匀上升，相邻坝段高差不应大于 12m，根据具体情况，按监理人指示可适当调整；相邻坝段浇筑时间的间隔宜小于 28d。

(2) 整个大坝最高和最低坝块高差控制在 15m 以内。

4. 混凝土浇筑温度

混凝土浇筑温度不能超过 28℃。

4.6.4 混凝土浇筑间歇时间

(1) 混凝土浇筑应保持连续性，混凝土最小层间歇期宜为 5～7d，最大层间歇期不宜超过 14d。

(2) 在满足最小间歇时间的前提下，尽量缩小层间歇期，若超过允许最大间歇时间，则老混凝土以上的混凝土温控标准按该坝段约束区混凝土的温控标准进行温度控制。

4.6.5 混凝土高温季节养护一般要求

(1) 卸入仓面的混凝土应及时振捣。高温季节尽量避开高温时段（10：00—18：00）浇筑混凝土，应充分利用低温季节和早晚及夜间气温低的时段浇筑。

（2）高温时段施工仓面应进行喷雾，直至混凝土终凝，以降低仓面环境温度。喷雾时水分不应过量，要求雾滴直径达到 $40\sim80\mu m$，以防止混凝土表面泛出水泥浆液。开始喷雾时的仓内气温根据现场试验总结确定，以雾滴直径满足要求、混凝土表面不泛出水泥浆为控制。

（3）在降低浇筑温度后，应及时采取表面流水冷却措施。混凝土终凝后即开始表面流水，要求流水清洁、均匀覆盖整个仓面，水流应控制不漫流到其他仓面。流水时间至混凝土最高温度出现后 $1\sim2d$，以后可换成洒水养护。

4.6.6　混凝土表面保温

（1）新浇混凝土层面应采用湿养护方法，以保持表面持续湿润，养护到新混凝土覆盖或保温覆盖为止。气温骤降期间应暂停层面湿养护，在混凝土层面上应覆盖聚乙烯卷材进行保温，气温骤降结束后揭开隔热材料，继续进行层面湿养护。

（2）气温骤降期间不允许拆模。

（3）11 月至次年 3 月，对坝段内通水流道、廊道、电梯井等孔洞部位应采取有效措施进行封闭保护。

第5章 泄水闸弧形工作闸门数值分析、水力学、流激振动模型试验研究

5.1 概　　述

5.1.1 工程概况

峡江水利枢纽工程设有 18 孔泄水闸，孔口尺寸均为 16m×17.5m（宽×高）。工作闸门采用弧形工作钢闸门，采用上悬挂式液压启闭机。本工程属大（1）型水利枢纽工程，泄水闸弧形工作闸门属大（3）型，接近超大型。其工程特点是洪峰流量大，洪水期上、下游水位差较小，校核洪水水位差 1.55m，设计洪水水位差 2.29m。由于闸底板高程设置较低，全部机组发电尾水位 36.63m 高于闸门底坎 7.16m。设计洪水（$P=0.2\%$）淹没底板深度为 19.53m。

5.1.2 研究目的和主要内容

该泄水闸弧形工作闸门结构尺寸大，接近超大型，闸门经常要在高淹没度条件启、闭，局部开度运行，运行过程门体下游水流旋滚冲击门体，水闸泄流条件非常复杂，给闸门设计带来了不确定性，使得闸门结构的安全可靠性难于把握。研究目的是通过对闸门结构的数值分析、水力学及流激模型试验研究，揭示本水闸泄流状态、水力学特征以及对闸门结构安全的影响和问题；了解优化、完善金结总体布置及闸门结构设计方案，提出合理化建议，为设计、运行管理提供科学依据，确保闸门的运行安全。主要研究内容包括闸门结构有限元静力分析、水力学模型试验、闸门结构流激振动数值计算。

5.1.3 基础资料和计算分析方法

5.1.3.1 基础资料

1. 布置和结构尺寸

泄水闸位于河床中部，溢流堰为宽顶堰，堰顶高程为 30.00m，孔宽为 16.0m。堰顶上设置弧形工作闸门挡水，工作闸门上、下游各设置一道叠梁式检修闸门，金属结构优化后的总体布置情况详见图 5.1-1。弧形工作闸门高度为 17.0m，面板曲率半径为 21.0m，支铰高程为 45.50m。采用箱形组合截面的双主横梁 A 形斜支臂结构，支铰轴承采用自润滑关节轴承，铰轴直径为 560mm。门叶及支臂结构主要材料采用 Q345B，铰座材料 ZG310-570，轴承材料为工程塑料合金，铰轴材料为 40Cr。选用 QHLY 2×3200kN-8800mm 上端铰支式液压启闭机启闭闸门，油缸铰支座中心高程为 51.36m，闸门关闭时吊轴中心线高程为 32.295m。通过优化后的闸门结构尺寸详见图 5.1-2。

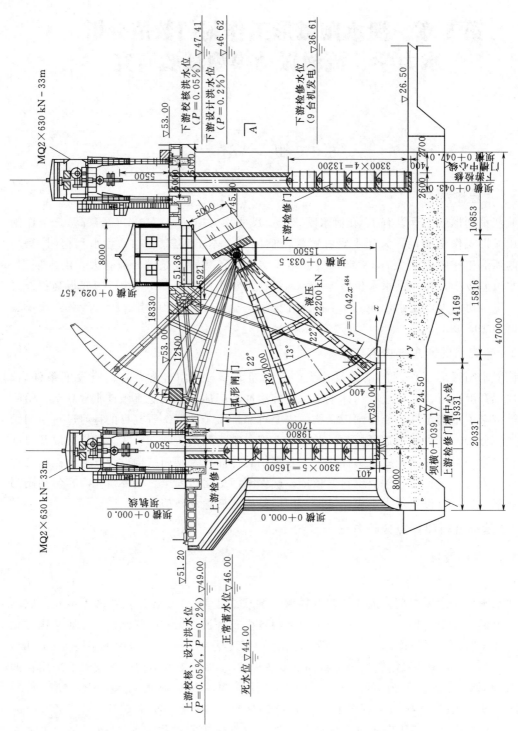

图 5.1－1 泄水闸金属结构布置图（单位：高程以 m 计，其他以 mm 计）

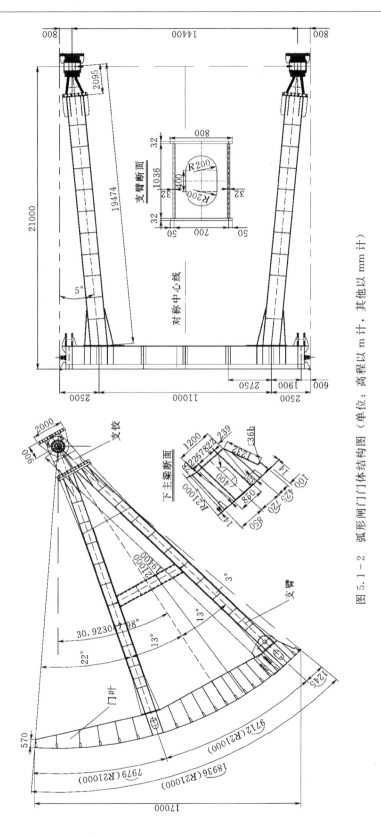

图 5.1-2 弧形闸门门体结构图 (单位:高程以 m 计,其他以 mm 计)

2. 分析计算参数

(1) Q345（16Mn，16Mnq）钢。

抗压抗拉抗弯容许应力：$[\sigma]=220\text{MPa}$；

抗剪：$[\tau]=130\text{MPa}$；

局部承压：$[\sigma_{cd}]=330\text{MPa}$；

密度：$\rho=7850\text{kg/m}^3$；

弹性模量：$E=210\text{GPa}$；

泊松比：$\mu=0.2963$。

(2) 工程塑料合金。

抗拉抗弯容许应力：$[\sigma_{拉}]=70\text{MPa}$；

抗压容许应力：$[\sigma_{压}]=120\text{MPa}$；

密度：$\rho=1150\text{kg/m}^3$；

弹性模量：$E=3.5\text{GPa}$；

泊松比：$\mu=0.3$。

(3) 材料 ZG310-570。

屈服强度：$[\sigma_s]=310\text{MPa}$；

极限抗拉强度：$[\sigma_{拉}]=570\text{MPa}$；

弹性模量：$E=190\text{GPa}$；

泊松比：$\mu=0.3$；

密度：$\rho=7850\text{kg/m}^3$。

3. 分析计算工况

(1) 静力分析计算工况。

1) 正常蓄水位。水位高程为46.00m，闸门挡水高度为16.00m。

2) 校核水位。水位高程为49.00m，闸门全部挡水，挡水高度为17.00m。

3) 启门工况。与校核水位耦合，闸门挡水高度为16.00m。

(2) 自振特性分析工况。

1) 考虑流固耦合的挡水情况下，水闸结构的自振特性分析。

2) 考虑流固耦合的起吊工况下，峡江水闸结构的自振特性分析。

3) 不考虑流固耦合情况下，水闸的自振特性分析。

4) 不考虑流固耦合情况下，水闸起吊工况下的自振特性分析。

5.1.3.2 计算分析方法

1. 单元形式

计算分析采用自行研制的三维有限元程序进行计算，主要采用的单元形式为常规的八结点六面体单元、四边形板壳单元、空间两节点梁单元及杆单元。其中闸门结构的模拟主要以板壳单元为主。四结点板壳单元的应力分量包含面内平面应力分量和卜小明等提出的弯曲应力分量，因此每个结点的位移未知量在局部坐标系下为5个，但转换到整体坐标系下时需采用6个，即3个平移分量和3个转动分量。

2. 静力有限元计算方法

有限元法是将计算对象离散成许多单元的数值计算方法，静力有限元法的支配方程为：

$$[K]\{\delta\} = \{R\} \tag{5.1-1}$$

式中：$[K]$ 为整体劲度矩阵；$\{R\}$ 为等效节点荷载列阵；$\{\delta\}$ 为待求解节点位移列阵。

由此可以计算得到各单元内的位移和应力。实际上，$[K]$ 和 $\{R\}$ 是由相应的单元矩阵组装而成的：

$$[K] = \sum_e [x]^{\mathrm{T}}[K]^e[x] \tag{5.1-2}$$

$$[R] = \sum_e \{R\}^e \tag{5.1-3}$$

$$[K]^e = \int_{\Omega_e} [B]^{\mathrm{T}}[D][B]\mathrm{d}\Omega \tag{5.1-4}$$

式中：$[x]$ 为单元选择矩阵；$[D]$ 为弹性矩阵；$[B]$ 为应变矩阵。

3. 自振特性分析方法

（1）水体与结构的耦合作用。在静力分析中，水体与结构之间不存在耦合作用，水压力作为外荷载直接施加在结构上。但在动荷载作用下，由于结构的运动，水体产生附加动水压力，该附加动水压力反过来又施加在结构上，从而影响结构的运动。因此，在进行动力分析时须考虑水体与结构之间的耦合作用。

（2）考虑水体与结构之间耦合作用的结构自振特性分析方法。结构自振特性（频率与振型）是结构动力分析的主要内容。在实际工程中，阻尼对结构自振频率和振型的影响很小，可忽略阻尼力。

4. 脉动压力的频谱分析方法

设各测点水流的脉动压力 $\{P(t)\}$ 为各态遍历平稳随机变量，则其自相关函数：

$$R_p(t) = E[x(t_1)x(t_1+\tau)] \tag{5.1-5}$$

由纳维-辛钦关系式，脉动压力的功率谱密度函数可写为：

$$S_p(w) = \int_{-\infty}^{+\infty} R_p(\tau)\mathrm{e}^{-i w\tau}\mathrm{d}\tau \tag{5.1-6}$$

其逆变换为 $R_p(\tau) = \dfrac{1}{2\pi}\displaystyle\int_{-\infty}^{+\infty} S_p(\omega)\mathrm{e}^{i\omega\tau}\mathrm{d}\omega$ 。

在进行功率谱的实际计算时，并不是采用直接由脉动压力的相关函数来求其功率谱密度函数，而是通过快速傅里叶变换（FFT）技术，直接求得各测点的水流脉动压力的功率谱函数及各测点之间的互谱密度函数。

5. 随机振动分析方法

结构离散后的有限元动力分析方程为：

$$[K]\{\delta\} + [C]\{\dot{\delta}\} + [M]\{\ddot{\delta}\} = [F] \tag{5.1-7}$$

式中：$\{\delta\}$、$\{\dot{\delta}\}$、$\{\ddot{\delta}\}$ 分别为结构的结点位移、结点速度和结点加速度列阵；$[K]$、$[C]$、$[M]$ 分别为结构的整体劲度矩阵、整体阻尼矩阵和整体质量矩阵，其中 $[M]$ 包含水体的附加质量矩阵；$[F]$ 为结构结点荷载列阵。

实际上求解时，上述整体矩阵是由相应的单元矩阵组装而成。

5.2　有限元模型

5.2.1　计算坐标系及计算范围

在建立峡江闸门结构三维有限元模型时，取 x 轴方向指向水流方向，y 轴方向垂直水流方向指向河流的左岸，z 轴垂直指向上方，所采用的坐标系符合笛卡尔坐标系右手螺旋法则。在动力计算时，除了静力计算所模拟的部分外，还对水体进行了有限元数值离散，以反映闸门过水时流固耦合效应。对闸门有影响的水体区域取为自闸门底缘分别向上游延伸至约闸门高度的 3 倍左右。

5.2.2　有限元网格及边界条件

弧形工作闸门结构面板、主横梁（腹板、翼缘）、纵梁（腹板、翼缘）、边梁（腹板、翼缘）以及闸门连接部位的筋板均采用空间任意四边形板壳单元模拟；启闭杆采用杆单元模拟；闸门滑块、转轮和对闸门有影响的水体均采用 8 节点六面体单元模拟。

泄水闸计算模型节点总数为 42548（水体部分节点总数为 27225），单元总数为 41864，其中 8 节点实体单元总数为 26664（其中水体单元总数为 23328），4 节点面单元总数为 14114，梁和杆单元总数为 1086。

为了准确反映转轮的受力特性，模拟其在运行过程中的转动效果，静力计算时在轮子、轮轴之间设置接触面单元，将其作为非线性的无摩擦的接触问题进行求解，在闸门面板的底缘设置 z 向约束。进行自振特性分析时，在两者之间设置虚拟的刚性链杆，模拟其自由转动。

5.3　闸门结构静力分析

进行闸门静力分析时，主要考虑结构的自重和上游水压力的作用。

5.3.1　位移计算结果及分析

为了便于位移成果分析比较，特约定：位移值为正时，表示该结构部位的位移与相应的坐标轴正向一致；位移值为负时，表示该结构部位的位移与相应的坐标轴负向一致；如果没有特别说明，计算结果均为整体直角坐标系下的位移值，位移分量值以 mm 为单位整理。

　1. 正常水位工况

闸门结构在正常水位水压力作用下，计算所得各构件位移结果中，x 向最大位移为 34.98mm，出现在支臂间闸门面板的中部，方向指向 x 轴的正向（河流方向），主要是由于在水荷载作用下，两主横梁之间以及左右两支臂之间的变形最大；y 向最大位移为 168.4mm，出现在支铰处，方向指向 y 向的正方向（河流左岸）；z 向最大位移为 5.386mm，出现在面板中上部右岸处，方向垂直指向下方。结果显示 y 向位移较 x 向和 z

向大很多，这主要是由于支铰处约束条件与实际情况（实际支铰处 x 向最大位移 0，y 向为 15mm）不一致，计算时未考虑支铰处 y 向的约束的原因。

2. 校核水位工况

闸门结构在校核水位水压力作用下，计算所得各构件位移结果中，x 向最大位移为 38.33mm，出现在闸门结构面板中部，方向指向 x 轴正向（水流方向），主要是由于在水荷载作用下，两主横梁之间以及左右两支臂之间的变形最大；y 向最大位移为 186.4mm，出现在支铰处，指向 y 轴负方向（左岸），这主要是由于支铰处的约束条件与实际情况不一致造成的，计算时未考虑支铰处的横河向约束；z 向最大位移为 5.417mm，发生在面板与中间主横梁与面板交接处的靠右岸处，方向指向 z 轴的负向（竖直向下）。其中，y 向位移较 x 向和 z 向大很多，其原因与正常水位工况相同。

3. 启门工况

闸门在挡水高度为 16.00m（相当于水位 46.00m）时启门，闸门结构在设计水位水压力和启门共同作用下，计算所得各构件位移结果中，x 向的最大位移为 179.5mm，出现在面板的底部跨中处，方向指向 x 轴的正方向（水流方向）；y 向的最大位移为 162.1mm，出现在右侧支铰处，指向 y 轴的负方向（右岸侧）；z 向的最大位移为 202.1mm，出现在面板顶部靠近右侧处，指向 z 轴的负方向（竖直向下）。y 向位移较大是由于约束条件与实际情况不一致，没考虑支铰处的 y 向约束所导致的，吊杆与闸门存在一定的夹角，z 向的约束不足，在水压力的作用下，闸门结构有绕支铰逆时针转动的趋势，因此 z 向和闸门结构底部 x 向的位移都很大。

5.3.2 应力计算结果及分析

主要计算应力包括平面应力、弯曲应力以及总应力。总应力的最大值、最小值是指各部件所有节点按平面应力和弯曲应力叠加后形成的组合应力的最大值、最小值。

闸门挡正常水位时主要受力部件的应力成果表明，闸门结构中面板的最大正应力 $\sigma=136.27MPa<[\sigma]=220MPa$（Q345），出现在面板的底部，最大切应力 $\tau=77.59MPa<[\tau]=130MPa$，出现在面板下部偏右处；纵梁结构正应力较大的值主要出现在纵梁腹板（228.08MPa）以及纵梁筋板底部（216.83MPa），同样在主横梁的腹板处，也出现302.23MPa 的应力，支臂结构出现 216.16MPa 与 195.12MPa 的较大应力。纵梁、主横梁这些部位出现较大的应力，主要是由于计算时未考虑支铰处的侧向约束，y 向的位移较大，出现局部的受压受拉现象。若考虑支铰处的 y 向约束则上述结构的应力将有很大的改善。

闸门挡校核水位时，闸门面板的最大正应力、切应力出现位置与正常水位工况相同，数值有所增大，并没有超出容许应力范围；纵梁结构较大正应力值主要出现在纵梁腹板（242.94MPa）以及纵梁筋板底部（232.02MPa），同样在主横梁的腹板处，也出现330.23MPa 的应力，支臂结构出现 244.19MPa 和 222.33MPa 的较大应力。纵梁、主横梁这些部位出现较大的应力，主要原因是闸门支铰处计算假定约束条件与实际相差较大，若考虑支铰处的 y 向约束则上述结构的应力将有很大的改善。

起吊工况下闸门结构应力情况与以上两种工况类似，应力值未超过上述对应值。

5.4 自 振 特 性 分 析

闸门结构在水中的振动属于水弹性理论范畴。闸门的振动是弹性系统和流体相互作用相互影响的过程。结构的自振频率代表了结构振动的内因，当结构产生振动时，相邻流场将以相应于结构振动加速度、速度、位移的流体惯性力、阻尼力、弹性力施加于结构，使振动系统的质量、阻尼和刚度发生变化，从而导致结构振动特性的变化。本节应用前述流固耦合三维有限元计算方法，考虑了水体对结构的影响，求解闸门前述 4 种工况下的自振特性。

5.4.1 自振频率计算成果

挡水工况和起吊工况闸门结构在考虑流固耦合和不考虑流固耦合两种情况的闸门自振频率计算成果，分别见表 5.4-1 和表 5.4-2。

表 5.4-1　　　　　　　挡水工况闸门结构自振频率成果表　　　　　　单位：Hz

阶数	考虑流固耦合	不考虑流固耦合	阶数	考虑流固耦合	不考虑流固耦合
1	1.872	1.908	6	9.533	13.292
2	3.503	10.322	7	11.359	14.181
3	5.330	10.984	8	11.370	17.760
4	5.883	11.064	9	11.684	18.182
5	9.146	11.818	10	11.982	20.892

表 5.4-2　　　　　　　起吊工况闸门结构自振频率成果表　　　　　　单位：Hz

阶数	考虑流固耦合	不考虑流固耦合	阶数	考虑流固耦合	不考虑流固耦合
1	0.2152	0.2152	6	5.1477	10.8640
2	1.1768	1.1829	7	5.9353	10.8540
3	1.6284	1.6405	8	7.1305	11.7080
4	3.5016	4.5545	9	9.2814	13.2480
5	4.5338	7.2643	10	10.0610	14.7490

5.4.2 自振频率计算成果分析

闸门自振的基频比较低。在不计流固耦合作用的情况下，基频为 1.908Hz，起吊工况为 0.2152Hz，两者相差较大。这主要是由于计算时的约束相差较大造成的。一般说来，在考虑流固耦合作用影响下，自振频率较不考虑流固耦合效应均有所降低。对于峡江水闸，流固耦合效应对闸门基频的影响均较小。对于正常挡水工况以及起吊工况，流固耦合作用对于高阶比较明显，频率最大降低 66.06%。

5.5 脉 动 压 力 频 谱 分 析

5.5.1 脉动压力测点布置

门叶上共布置 11 个测点，上游 6 个，下游 5 个，测点编号及布置见图 5.5-1。测点

1～测点 11 距离闸门底部的距离依次为 0.17m、2.763m、5.71m、9.404m、12.821m、16.314m、14.908m、11.514m、8.243m、5.238m 和 2.268m。

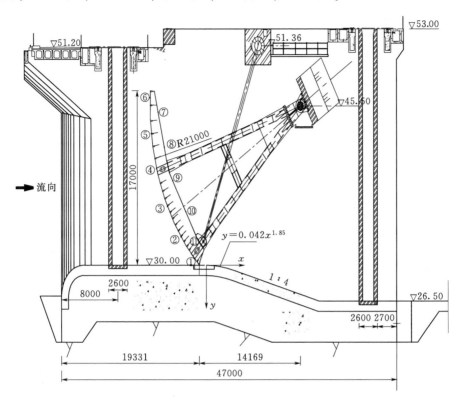

图 5.5-1 脉动压力试验测点具体布置方案（单位：高程以 m 计，其他以 mm 计）

5.5.2 脉动压力试验工况

各工况试验所用的时间为 15.9922s，采用时间步长为 7.8125ms，几何比尺为 25，根据重力相似准则可知，压强比尺为 25，试验工况见表 5.5-1。

表 5.5-1 脉动压力试验工况表

工况编号	上游水位/m	下游水位/m	开启高度/m	工况编号	上游水位/m	下游水位/m	开启高度/m
1	44.95	44.13	1.9	12	47.78	45.48	13.3
2	44.95	44.13	5.7	13	49.00	45.48	1.9
3	44.95	44.13	13.3	14	49.00	45.48	5.7
4	47.00	44.13	5.7	15	49.00	45.48	13.3
5	47.00	44.13	13.3	16	49.00	47.41	5.7
6	49.00	44.13	1.9	17	49.00	47.41	13.3
7	49.00	44.13	5.7	18	47.00	33.00	6.3
8	49.00	44.13	13.3	19	47.00	33.00	12.6
9	46.56	45.48	5.7	20	46.00	30.30	6.3
10	46.56	45.48	13.3	21	46.00	30.30	12.6
11	47.78	45.48	5.7				

5.5.3　脉动压力频谱分析

应用频谱分析理论，对水流脉动压力时程曲线进行频谱分析，功率谱图中的纵坐标用相对值来表示，主要是为了显示优势频率所在的位置。由于工况较多，这里给出了工况1各个测点的脉动压力时程曲线和功率谱图（图5.5-2和图5.5-3），在功率谱图中随图给出了优势频率的大小。由图可知高程较低测点的脉动压力值试验值较大，测点5距离水面距离为0.229m，模型值仅9.16mm，可能受到外界干扰较大。由图可知，脉动压力的优势频率主要处在4.075Hz，测点5和测点9优势频率是7.715Hz（图5.5-2）和10.6Hz（图5.5-3）。由结构动力学知，当结构的自振频率与激励频率接近时，结构可能产生危险性振动。一般认为两者错开20%以上时，结构不会发生危害性振动。闸门在该挡水工况下考虑流固耦合的闸门自振频率前三阶为1.877Hz、4.235Hz和7.861Hz。在频率为4.075Hz和7.715Hz的激励荷载作用下，可能产生共振，但是高阶频率对结构的动响应贡献较小，即使与激励频率接近，结构的动态响应一般也不会很大，不会产生危害性破坏。

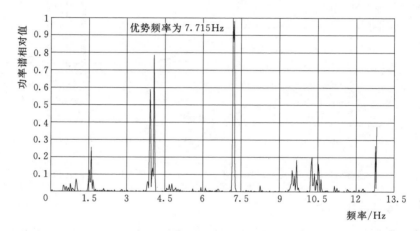

图5.5-2　测点5脉动压力功率谱曲线

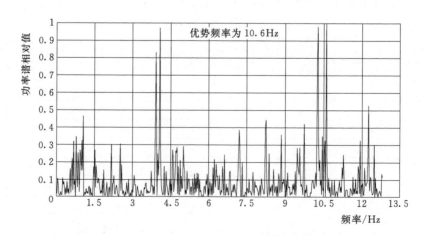

图5.5-3　测点9脉动压力功率谱曲线

5.6 结 构 动 力 分 析

本节将采用随机振动理论方法，求解闸门结构在脉动水流作用下各个工况闸门各个构件的动应力动位移以及其分布。

5.6.1 闸门结构动位移计算分析

根据表5.5-1中各个工况的不同情况，对闸门结构的动位移进行计算。其中较大位移典型工况11、工况14和工况18的计算结果列于表5.6-1～表5.6-3。表5.6-4给出了所有运行工况中位移的最大值，表5.6-5列出了位移最大值出现的工况。

表 5.6-1　　　　　　　　工况 11 弧形闸门各个构件位移最大值

部位	位移/mm			部位	位移/mm		
	x 向	y 向	z 向		x 向	y 向	z 向
面板	1.947	5.734	0.489	主横梁支撑	0.931	5.802	0.464
纵梁翼缘	1.941	5.726	0.467	支臂加强板	0.775	5.781	0.321
纵梁腹板	1.926	5.817	0.464	吊耳	0.601	5.823	0.091
纵梁筋板	1.947	5.818	0.483	支臂支撑	0.864	5.578	0.568
主横梁前翼缘	0.907	5.686	0.477	支铰	0.349	0.683	0.312
主横梁后翼缘	0.972	5.819	0.391	支臂	0.864	5.767	0.570
主横梁腹板	0.952	5.803	0.477				

表 5.6-2　　　　　　　　工况 14 弧形闸门各个构件位移最大值

部位	位移/mm			部位	位移/mm		
	x 向	y 向	z 向		x 向	y 向	z 向
面板	28.118	3.708	9.637	主横梁支撑	6.901	3.732	6.460
纵梁翼缘	27.706	3.789	7.547	支臂加强板	5.371	3.720	2.745
纵梁腹板	27.722	3.785	9.352	吊耳	5.419	3.764	0.702
纵梁筋板	27.817	3.788	9.347	支臂支撑	3.828	3.557	4.204
主横梁前翼缘	7.407	3.681	6.460	支铰	1.472	0.426	1.733
主横梁后翼缘	6.600	3.738	2.872	支臂	5.203	3.713	4.211
主横梁腹板	7.088	3.732	6.460				

表 5.6-3　　　　　　　　工况 18 弧形闸门各个构件位移最大值

部位	位移/mm			部位	位移/mm		
	x 向	y 向	z 向		x 向	y 向	z 向
面板	9.276	11.662	6.893	纵梁筋板	9.276	12.353	6.890
纵梁翼缘	7.739	12.353	6.164	主横梁前翼缘	8.658	5.208	5.628
纵梁腹板	9.062	12.353	6.710	主横梁后翼缘	8.129	5.234	4.113

续表

部位	位移/mm			部位	位移/mm		
	x 向	y 向	z 向		x 向	y 向	z 向
主横梁腹板	8.658	5.208	5.628	支臂支撑	5.195	6.803	2.574
主横梁支撑	8.413	5.205	5.490	支铰	0.842	1.157	0.841
支臂加强板	6.045	5.218	3.201	支臂	5.907	6.814	3.172
吊耳	8.129	6.425	0.661				

表 5.6 - 4　　　　　　　　　所有工况弧形闸门各个构件位移最大值

部位	位移/mm			部位	位移/mm		
	x 向	y 向	z 向		x 向	y 向	z 向
面板	28.118	11.662	9.637	主横梁支撑	6.045	5.781	4.104
纵梁翼缘	27.706	12.353	7.547	支臂加强板	8.129	6.425	0.998
纵梁腹板	27.722	12.353	9.352	吊耳	5.669	7.049	5.434
纵梁筋板	8.658	5.686	6.460	支臂支撑	8.658	5.686	6.460
主横梁前翼缘	8.129	5.819	4.744	支铰	2.055	1.340	2.243
主横梁后翼缘	8.658	5.803	6.460	支臂	5.907	7.049	5.533
主横梁腹板	8.413	5.802	6.460				

表 5.6 - 5　　　　　　　　　弧形闸门各构件位移最大值所在的工况

部位	极值发生的工况			部位	极值发生的工况		
	x 向	y 向	z 向		x 向	y 向	z 向
面板	14	18	14	主横梁支撑	18	11	14
纵梁翼缘	14	18	14	支臂加强板	18	11	6
纵梁腹板	14	18	14	吊耳	18	18	6
纵梁筋板	14	18	14	支臂支撑	13	6	13
主横梁前翼缘	18	11	14	支铰	13	1	6
主横梁后翼缘	18	11	6	支臂	18	6	13
主横梁腹板	18	11	14				

　　由表 5.6 - 1～表 5.6 - 5 可以得出，泄水闸弧形工作闸门 x 向最大位移为 28.118mm，出现在工况 14 闸门面板的顶部中间位置；y 最大向位移为 12.353mm，出现在工况 18 顶部纵梁翼缘与筋板相交处。z 向最大位移为 9.637mm，发生在工况 14 的面板最顶部。

　　由各个测点脉动压力的时程曲线图可知，距离闸门底部的测点脉动压力较大，但是闸门底部受到底部支臂的支撑作用，x 向位移较小，再上下支臂的支撑下，结构 x 向（顺流向）位移最大值一般都出现在闸门结构的顶部。支臂变形主要是由于脉动压力的作用下，发生横流向和垂直向的变形，一般 y 向（横流向）和 z 向（垂直向）位移较大。

5.6.2 闸门结构动应力计算分析

根据表 5.5-1 各个工况的不同情况，对闸门结构的动应力进行计算，典型工况 13、工况 14 和工况 18 计算结果分别见表 5.6-6～表 5.6-8，表 5.6-9 给出了所有工况下闸门各构件的应力最大值，表 5.6-10 给出了最大应力出现的工况。表中包括平面应力、弯曲应力和总应力，其中总应力最大是指各个构件所有节点按平面应力和弯曲应力叠加后形成的组合应力的最大值。

表 5.6-6　　　　　　　　　工况 13 弧形闸门各个构件应力最大值

部件	平面应力/MPa			弯曲应力/MPa			总应力/MPa		
	σ_x	σ_y	τ_{xy}	σ_x	σ_y	τ_{xy}	σ_x	σ_y	τ_{xy}
面板	52.480	71.690	18.941	0.860	0.959	0.189	53.071	71.758	18.985
纵梁翼缘	133.600	42.750	31.383	1.045	1.402	0.203	133.776	42.774	31.451
纵梁腹板	190.970	55.495	40.568	0.149	0.300	0.105	190.983	55.573	40.608
纵梁筋板	172.430	61.932	29.808	0.599	0.167	0.049	172.457	62.026	29.845
横梁前翼缘	23.405	22.753	8.118	0.531	0.538	0.149	23.465	22.812	8.165
横梁后翼缘	73.759	45.639	24.527	0.892	2.069	0.849	74.029	45.679	25.130
横梁腹板	74.605	40.435	39.342	0.299	0.233	0.073	74.707	40.462	39.373
横梁支撑	117.671	81.632	35.006	0.058	0.060	0.030	117.682	81.636	35.011
支臂加强板	31.164	22.835	13.915	0.037	0.063	0.028	31.183	22.839	13.942
吊耳	19.567	6.317	6.546	0.171	0.206	0.101	19.671	6.490	6.612
支臂支撑	18.673	14.297	10.208	0.080	0.067	0.044	18.696	14.349	10.209
支臂	61.407	57.015	24.798	0.418	0.392	0.094	61.545	57.070	24.829

表 5.6-7　　　　　　　　　工况 14 弧形闸门各个构件应力最大值

部件	平面应力/MPa			弯曲应力/MPa			总应力/MPa		
	σ_x	σ_y	τ_{xy}	σ_x	σ_y	τ_{xy}	σ_x	σ_y	τ_{xy}
面板	51.611	26.356	14.037	1.354	1.064	0.259	51.712	26.385	14.050
纵梁翼缘	89.887	16.271	13.260	0.437	0.701	0.404	89.918	16.323	13.306
纵梁腹板	85.772	47.840	28.294	0.140	0.261	0.060	85.779	47.860	28.317
纵梁筋板	110.030	14.039	10.443	0.111	0.060	0.016	110.039	14.056	10.458
横梁前翼缘	33.262	25.933	11.490	0.538	0.330	0.149	33.318	26.130	11.548
横梁后翼缘	46.075	42.605	17.221	0.357	0.814	0.388	46.293	42.696	17.601
横梁腹板	63.975	29.354	39.031	0.179	0.123	0.042	63.987	29.407	39.039
横梁支撑	82.257	50.998	37.155	0.029	0.042	0.013	82.259	51.002	37.156
支臂加强板	21.723	11.709	9.012	0.029	0.042	0.023	21.729	11.749	9.035
吊耳	4.475	4.066	3.389	0.086	0.052	0.041	4.503	4.108	3.401
支臂支撑	14.366	13.944	5.905	0.034	0.031	0.013	14.372	13.949	5.907
支臂	55.163	46.082	17.976	0.230	0.287	0.101	55.225	46.124	18.019

表 5.6-8　　　　　　工况 18 弧形闸门各个构件应力最大值

部件	平面应力/MPa			弯曲应力/MPa			总应力/MPa		
	σ_x	σ_y	τ_{xy}	σ_x	σ_y	τ_{xy}	σ_x	σ_y	τ_{xy}
面板	51.284	13.240	8.871	0.549	0.611	0.103	51.833	13.266	8.886
纵梁翼缘	41.078	14.235	12.629	0.408	0.286	0.113	41.127	14.362	12.656
纵梁腹板	186.440	52.016	32.626	0.112	0.138	0.048	186.450	52.089	32.628
纵梁筋板	168.440	31.066	16.864	0.107	0.096	0.035	168.456	31.078	16.866
横梁前翼缘	10.996	13.702	5.589	0.481	0.491	0.135	11.037	13.759	5.615
横梁后翼缘	13.560	18.670	8.371	0.372	0.434	0.217	13.587	18.733	8.418
横梁腹板	72.144	30.400	38.225	0.228	0.228	0.068	72.256	30.426	38.256
横梁支撑	85.092	44.407	35.173	0.055	0.056	0.028	85.104	44.411	35.178
支臂加强板	10.256	11.670	5.078	0.030	0.035	0.018	10.279	11.693	5.090
吊耳	18.121	5.945	6.005	0.201	0.210	0.109	18.245	6.136	6.083
支臂支撑	19.192	14.727	11.176	0.048	0.039	0.025	19.216	14.752	11.177
支臂	59.987	43.591	23.307	0.440	0.413	0.097	60.105	43.629	23.333

表 5.6-9　　　　　　所有工况弧形闸门各个构件应力最大值

部件	平面应力/MPa			弯曲应力/MPa			总应力/MPa		
	σ_x	σ_y	τ_{xy}	σ_x	σ_y	τ_{xy}	σ_x	σ_y	τ_{xy}
面板	52.480	71.690	18.941	1.523	1.978	0.291	53.071	71.758	18.985
纵梁翼缘	133.600	42.750	31.383	1.046	1.402	0.231	133.776	42.774	31.451
纵梁腹板	190.970	68.823	40.568	0.233	0.397	0.105	190.983	68.840	40.608
纵梁筋板	172.430	61.932	29.808	0.599	0.167	0.049	172.457	62.026	29.845
横梁前翼缘	34.306	25.750	11.929	0.627	0.538	0.149	34.360	25.900	11.947
横梁后翼缘	73.759	47.870	30.978	0.892	2.069	0.849	74.029	47.913	31.569
横梁腹板	78.647	50.550	50.645	0.299	0.233	0.073	78.687	50.579	50.663
横梁支撑	130.777	81.632	45.206	0.058	0.060	0.030	130.780	81.636	45.208
支臂加强板	31.164	22.864	16.101	0.040	0.071	0.032	31.183	22.867	16.133
吊耳	19.567	8.017	6.546	0.272	0.290	0.199	19.671	8.222	6.612
支臂支撑	20.062	14.727	11.176	0.080	0.067	0.044	20.078	14.752	11.177
支臂	65.563	57.015	33.621	0.440	0.542	0.097	65.720	57.070	33.660

表 5.6-10　　　　　　弧形闸门各个构件应力最大值所在的工况

部件	平面应力/MPa			弯曲应力/MPa			总应力/MPa		
	σ_x	σ_y	τ_{xy}	σ_x	σ_y	τ_{xy}	σ_x	σ_y	τ_{xy}
面板	13	13	13	14	14	14	13	13	13
纵梁翼缘	13	13	13	6	13	14	13	13	13
纵梁腹板	13	14	13	6	14	13	13	14	13

续表

部件	平面应力/MPa			弯曲应力/MPa			总应力/MPa		
	σ_x	σ_y	τ_{xy}	σ_x	σ_y	τ_{xy}	σ_x	σ_y	τ_{xy}
纵梁筋板	13	13	13	13	13	13	13	13	13
横梁前翼缘	14	14	14	14	13	13	14	14	14
横梁后翼缘	13	14	14	13	13	13	13	14	14
横梁腹板	14	14	14	13	13	13	14	14	14
横梁支撑	14	13	14	13	13	6	14	13	14
支臂加强板	13	13	14	6	14	14	13	13	14
吊耳	13	6	13	6	6	6	13	6	13
支臂支撑	14	18	18	13	13	13	14	18	18
支臂	6	13	14	18	6	18	6	13	14

由表 5.6-6~表 5.6-10 可以得出，在脉动压力作用下，泄水闸各个构件的应力主要以平面应力为主，弯曲应力与平面应力相比小很多。平面应力的最大值为 190.97MPa，表现为 x 向平面正应力，出现在工况 13（上游挡水位 49.00m，下游挡水位 45.48m，闸门开启高度为 1.9m）纵梁腹板底部，最大的总应力也出现在该工况纵梁腹板底部；工况 14 在横梁支撑处出现 x 向平面应力 130.78MPa，其余工况应力水平均较低。最大平面剪应力为 50.645MPa，出现在工况 14 横梁腹板处，总剪应力最大值 50.663MPa 也出现在该工况的横梁腹板处。结构材料为 Q345 钢，最大抗压抗弯强度为 210MPa，抗剪强度为 130MPa。可见各个构件在各工况下应力最大值均未超过材料的允许值。另外，以上计算结果还显示主横梁、支臂应力较低，主要是由于计算时未考虑启闭力同时作用的影响。考虑启闭力同时作用的影响后，主梁最大应力为 188.7MPa，支臂最大应力为 174.3MPa。

5.6.3 支铰动应力分析

本节计算分析脉动压力下支铰处的动应力分布，并应用第一强度理论对闸门支铰的安全性进行校核。第一强度理论又称最大拉应力理论，其表述为材料的破坏是由最大拉应力引起的，即最大拉应力达到某一极限值时材料发生破坏。对应各个工况的支铰动应力最大值见表 5.6-11。

表 5.6-11 支铰动应力最大值计算表

工况编号	x 向应力/MPa	y 向应力/MPa	z 向应力/MPa	第一主应力/MPa	第二主应力/MPa	第三主应力/MPa
1	41.414	16.122	27.167	50.858	16.014	12.644
2	15.691	7.072	11.817	19.615	7.497	4.803
3	32.083	13.871	21.851	42.549	13.430	9.079
4	23.369	10.628	21.683	32.973	11.275	9.861
5	8.668	5.338	10.490	13.991	5.302	5.182
6	36.362	17.044	35.052	43.694	20.718	14.487

工况编号	x 向应力 /MPa	y 向应力 /MPa	z 向应力 /MPa	第一主应力 /MPa	第二主应力 /MPa	第三主应力 /MPa
7	10.679	5.747	10.921	15.092	6.770	4.989
8	9.046	5.489	10.337	14.084	5.408	5.408
9	13.303	4.900	11.282	17.734	7.560	3.534
10	11.186	6.932	13.843	18.347	6.889	6.708
11	20.592	7.934	12.175	25.402	8.056	5.572
12	15.179	5.078	12.617	20.713	5.518	4.035
13	40.935	17.389	38.693	60.029	24.428	16.134
14	30.895	13.170	22.743	43.685	15.696	10.187
15	11.656	3.785	9.555	15.890	5.034	3.407
16	29.136	11.875	23.071	42.054	14.679	10.722
17	5.195	2.726	5.348	7.562	3.614	2.645
18	38.999	13.631	31.832	53.51	18.951	12.454
19	9.097	3.545	5.898	11.910	3.777	2.664
20	7.475	3.923	7.197	10.616	4.176	3.789
21	10.118	3.890	6.758	13.573	4.469	3.031

第一主应力为最大拉应力，由表 5.6-11 可以得出，最大拉应力为 53.51MPa，出现在工况 18。支铰材料为 ZG310-570，屈服强度为 310MPa。可以看出支铰在脉动压力作用下，支铰的应力并没有超出材料的屈服强度。

5.7　结论与建议

5.7.1　水力学模型试验结论和建议

（1）闸下水位较低的闸下自由出流工况（工况：上游水位 47.00m 和 46.00m，对应下游水位分别为 33.00 和 33.30m），闸下的水跃旋滚对闸门没有冲击等不利影响。在淹没出流状态：上下游水位差较小时，闸门上下游水流平稳，水面波动较小，过闸水流没有在闸门后形成明显的旋滚；上下游水位差较大，当闸门开启高度较小时（小于孔口高度的20%），上下游水流仍然较平稳，水面波动不大，闸门后旋滚较弱；当开启高度较大时（工况：上游水位 49.00m，对应下游水位分别为 44.13m、45.48m 和 47.71m，约孔口高度的 50%），上下游水流波动剧烈，闸门后形成明显的强烈漩滚，而且水流旋滚对闸门有明显的拍击作用。

（2）闸门启闭过程中，相同开度条件下启门力大于闭门力。闸门开启过程中总体上启门力随着开度的增加而增加，在开度 0.6 附近启门力达到最大值，之后启门力稍有减小后再有所增加。最大启门力出现在工况 4 的 0.6 开度，启门力为 3145kN，没有超过启闭机的容量（3200kN）。

（3）闸门挡水开启瞬时最大启门力出现在工况（上游水位 47.00m 对应下游水位 33.00m），最大启门力为 3169kN。

（4）随着闸门挡水水位的升高，支铰推力也随之增加，相同上游水位，支铰推力随下游水位的升高而减小。

（5）闸门挡水启闭瞬时支铰推力比相应挡水工况有较大的增加，实测最大支铰推力为 12475kN（工况：上游水位 47.00m，对应下游水位 30.00m），设计支铰推力为 17800kN。

（6）闸门启闭过程中支铰推力总体上不大，支铰推力基本一致，同一开度条件下，上下游水位差对支铰推力的影响较显著。

（7）为了减小闸门支铰推力，运行中尽量在挡水位较低或者水位差较小时启闭闸门。

（8）为了减少水闸水流波动剧烈、闸门后强烈旋滚及水流旋滚对闸门拍击，在高水位（上游水位 49.00m，对应下游水位 44.13～47.71m）运行中，闸门尽量避开约 50% 的开度运行。

5.7.2 静力计算分析结论

（1）静力计算过程中支铰处连接铰轴的约束处理与实际情况相差较大，计算结果 y 向位移偏大，最大值为 186.4mm，出现在校核工况支铰处。x 向为横河向，在正常挡水工况下，x 向的位移较其他两个方向大（支铰和支臂 y 向除外），x 向最大位移为 38.33mm，发生在校核工况闸门结构面板中部，z 向位移均较小，z 向最大位移为 5.417mm，发生在校核工况面板与中间主横梁与面板交接处的靠右岸处，方向指向 z 轴的负向（竖直向下）。起吊工况下，吊杆与闸门存在一定的夹角，z 向的约束不足，在水压力的作用下，闸门结构有绕支铰逆时针转动的趋势。

（2）如前所述，支铰连接轴的约束处理与实际情况相差较大，导致支铰、支臂以及和支臂连接处的纵梁结构等的变形较大，相应的结构出现局部应力集中。在正常挡水工况下，纵梁结构在水压力作用下，正应力较大的值主要出现在纵梁腹板（228.08MPa）以及纵梁筋板底部（216.83MPa），同样在主横梁的腹板处，也出现 302.23MPa 的应力，支臂结构出现 216.16MPa 与 195.12MPa 的较大应力。相同的部位在校核工况下也出现很大的应力。该处的应力值不应该作为校核闸门安全的应力数据。

（3）Q345 钢的容许切应力为 130MPa，挡水工况下最大切应力为 84.432MPa，出现在校核水位面板下部偏右处，并未超出材料的容许切应力。起吊工况下最大切应力为 104.03MPa，出现在闸门底部近右岸处，也在 Q345 钢的容许切应力 130MPa 之内。

5.7.3 自振特性分析结论

（1）在考虑流固耦合的情况下，自振频率较不考虑流固耦合效应均有所降低。泄水闸弧形工作闸门自振基频受流固耦合效应的影响较小，仅降低了 1.89%，这可能是由于第一阶的振动主要表现为横河向的振动，与水体相切的缘故。起吊工况基频振动表现为绕支铰铰轴的转动，也是与水体相切的振动，流固耦合效应对起吊工况基频的影响也较小。对于较高阶的自振频率，流固耦合影响较大，频率最高降低 66.06%。

（2）挡水工况闸门第一阶的振动主要表现为横流向的振动，第二阶和第三阶振动分别表现为闸门整体结构的扭动和支臂的震动。起吊工况闸门第一阶主要表现为绕支铰铰轴的转动振动，第二阶和第三阶表现为整个闸门结构的扭动。流固耦合效应对闸门的振型有一定的影响，挡水工况考虑流固耦合效应第二阶和第三阶主要表现为支臂以上闸门结构顺流向的振动。

5.7.4　脉动压力频谱分析结论

各个测点脉动压力数据的偏态系数都接近于 0，脉动压力基本上是一均值为界对称分布的。对几个典型工况（工况 1～工况 6）的功率谱曲线图进行分析，可以看出脉动压力的优势频率主要为集中在 4～12Hz，而闸门在挡水工况考虑流固耦合效用闸门基频自振频率为 1.872Hz，可以看出在结构基频与脉动压力优势频率错开度较大，不会产生共振。结构第二阶到第十阶自振频率落在脉动水压力优势频率内，在脉动水压力的激励下，结构可能发生共振，但是高阶频率对结构的动响应贡献较小，即使与激励频率接近，结构的动响应一般也不会很大，不会产生危害性破坏。

5.7.5　闸门结构动力分析结论

（1）闸门结构在脉动压力的作用下，闸门支臂结构的支撑作用突出，闸门位移较大处出现在支臂至上闸门结构。x 向最大位移为 28.118mm，出现在工况 14 闸门面板的顶部中间位置，y 方向与 z 方向最大位移为 12.353mm 和 9.637mm，均较小。闸门结构刚度满足要求。

（2）在脉动压力作用下，闸门各个构件的应力主要以平面应力为主，弯曲应力与平面应力相比小很多。平面应力的最大值为 190.970MPa，表现为 x 向平面正应力，出现在工况 13 纵梁腹板底部，最大的总应力也出现在该工况纵梁腹板底部，其值为 190.983MPa，小于材料 Q345 的抗压抗拉抗弯容许应力 210MPa；最大平面剪应力为 50.645MPa，出现在工况 14 横梁腹板处，总剪应力最大值为 50.663MPa，也出现在该工况的横梁腹板处，其值均小于 Q345 钢材的容许抗剪应力 130MPa。闸门结构强度满足要求。

（3）应用最大拉应力理论对支铰结构进行强度验证。第一主应力最大值为 53.51MPa，出现在工况 18，小于材料 ZG310 - 570 的屈服强度 310MPa。支铰结构强度满足要求。

第6章 泄水闸深层抗滑稳定分析及加固措施研究

6.1 概　　述

峡江水利枢纽工程泄水闸坝段总长 358.0m，堰顶高程为 30.00m，闸顶高程为 51.20～53.00m，单孔净宽 16.0m，共 18 孔，顺水流方向长 47.0m。泄水闸共分成 19 个闸段，从左至右依次为 1～18 号闸段及 18 号闸室段。右侧 18 号闸室采用闸墩分缝的整体式结构，闸段长 23.0m；其余均采用闸孔中间分缝的分离式结构，中间闸段长 19.5m，两侧边孔闸段长 11.5m。闸室下游设钢筋混凝土护坦，底板高程为 26.50m，长 60.0m。

经河床基坑开挖揭露，11～18 号闸段闸室地基存在缓倾角层间软弱夹层，成为控制闸基稳定的重要边界，有可能导致泄水闸深层滑动失稳，必须对其进行分析研究，并提出合理可行的加固处理方案，以确保工程安全。

6.2　泄水闸工程地质条件

泄水闸址地质条件复杂，处一北东向斜构造核部，向斜轴面产状 N60°～70°E/NW∠70°～90°，核部地层为石炭系下统梓山组（C_1z），两翼为泥盆系上统中棚组（D_3z）与三门滩组（D_3s）地层。石炭系下统梓山组（C_1z）自核部向两翼依次可划分为 C_1z^4、C_1z^3、C_1z^2、C_1z^1 四个工程岩组，泄水闸 1～15 号闸段坐落于第二岩组（C_1z^2），岩性为中厚—厚层灰黑色变余炭质粉砂岩，夹薄层炭质绢云千枚岩；16 号、17 号、18 号闸段坐落于第四岩组（C_1z^4），岩性为中厚—厚层砂（炭）质绢云千枚岩，砂质绢云千枚岩与炭质绢云千枚岩呈互层构造；第三岩组（C_1z^3）岩性为灰、青灰色厚层石英砂岩，呈条带状分布于 16 号泄水闸。

泄水闸址北东—北东东向 F_2、F_5、F_6 等平移逆断层发育，断层倾角一般为 60°以上，极少数中陡倾角。节理裂隙发育 6 组，以顺河向北北西 J_1、横河向北东东向 J_2 节理最为发育，北西向 J_3、北西西向 J_4 节理次之，均为 60°以上的陡倾角节理。上述陡倾角断层、节理裂隙可构成闸基横向切割面或侧向切割面。

闸址因处向斜核部，受构造挤压，岩层次级舒缓状褶皱发育，岩层层间错动强烈。据基坑开挖揭露，层间剪切错动带极发育，剪切带岩体片理化显著，主要发育于 C_1z^4、C_1z^2 岩组，基本沿第二岩组（C_1z^2）的变余炭质粉砂岩中的炭质绢云千枚岩薄夹层以及第四岩组（C_1z^4）的砂质绢云千枚岩与炭质绢云千枚岩接触面发生层间剪切错动，错动带一般厚度为 2～50mm，少数为 5cm 以上，带中充填物主要为夹泥的片理化岩屑，部分错动面有不连续泥膜。据施工地质勘察和现场原位抗剪试验，11～18 号闸段层间软弱夹层

（剪切错动带）抗剪强度低，倾角缓，可能成为控制上述闸段滑移的深层滑裂面。

层间软弱夹层、节理裂隙和断层抗剪断强度指标详见表 6.5-1。

6.3　深层滑动破坏模式分析

峡江泄水闸闸基软弱结构面形成条件复杂，形式多样，深层滑动破坏模式是重点研究的问题之一。岩层因受断层滑移牵引，产状变化较大，呈舒缓波状褶皱，不同埋藏深度的层间软弱夹层也随之呈舒缓波状。各闸段软弱夹层所处位置及产状各有差异，所形成的坝基深层滑动模式也各不相同，主要由缓倾角层间软弱夹层与断层或节理裂隙相互组合形成复合滑裂面。根据工程地质勘察结果，综合考虑地基软弱夹层、断层及节理裂隙的分布情况，并结合建筑物结构布置特点，对各闸段最不利滑移通道及破坏模式分析如下：

（1）11 号闸段。闸基底存在倾向下游缓倾角层间软弱夹层，倾角为 18°，构成了闸基深层滑动的主要滑动面；下游护坦基底存在倾向上游的 F_5 断层，倾角为 50°，与软弱夹层相交形成贯通的滑移通道。在上游水平荷载作用下，该滑移通道延伸至下游护坦底部，或直接剪断护坦滑出，或经护坦底部从不同部位护坦接缝处滑出。前者形成典型双斜滑动面破坏模式，见图 6.3-1；后者形成多滑动面破坏模式，见图 6.3-2。

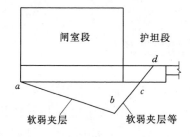

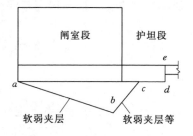

图 6.3-1　典型双滑动面模式　　　　图 6.3-2　典型多滑动面模式

（2）12 号闸段。闸基底存在数组条倾向下游缓倾角层间软弱夹层，倾角为 4°～26°，构成了闸基深层滑动的主要滑动面；下游护坦基底存在倾向上游 F_5 断层，倾角为 50°，与软弱夹层相交形成贯通的滑移通道。在上游水平荷载作用下，该滑移通道延伸至下游护坦底部，或直接剪断护坦滑出，或经护坦底部从不同部位护坦接缝处滑出，形成多滑动面破坏模式。

（3）13～15 号闸段。闸基底存在倾向下游缓倾角层间软弱夹层，倾角为 12°～18°，构成了闸基深层滑动的主要滑动面；下游基底存在倾向上游软弱夹层，倾角为 15°～21°，两组软弱夹层相交形成贯通的滑移通道。在水平荷载作用下，闸墩有可能沿着该滑移通道发生滑动破坏。在上游水平荷载作用下，该滑移通道延伸至下游护坦底部，经护坦底部从不同部位护坦接缝处滑出，形成多滑动面破坏模式。

（4）16 号闸段。基底存在倾向下游缓倾角层间错动夹层，倾角为 7°～10°，下游基底存在倾向上游陡倾角节理裂隙 J_2，倾角为 65°～85°，两组结构面相交形成贯通的滑移通道。在水平荷载作用下，闸室有可能沿着该滑移通道在闸室与护坦接缝处滑出，形成典型的双斜滑动面破坏模式。

（5）17号、18号闸段。闸基底层间软弱夹层呈背斜构造，与上、下游端若干组陡倾角节理裂隙相互交割，会形成折线形滑移通道。在水平荷载作用下，闸室有可能沿着该滑移通道发生滑动破坏，属多滑动面破坏模式。

6.4 计 算 方 法

6.4.1 刚体极限平衡法

刚体极限平衡法是大坝深层抗滑稳定的传统分析方法。由上述对滑动破坏模式分析结果可知，本工程闸基深层滑动破坏模式有典型双滑动面模式，更多的属多滑动面模式。对于双滑动面情况，可根据《混凝土重力坝设计规范》（SL 319—2005）提供的公式，采用等安全系数法（等K法）进行计算。多滑面的情况则比较复杂，应用什么样的公式进行计算，尚无明确的规定。针对本工程闸基深层滑动破坏模式的多样性和复杂性，为全面、合理评价其抗滑稳定安全性，采用了适用于多滑面的萨尔玛（Sarma）法对闸基深层抗滑稳定进行分析计算。这一方法已正式纳入《水利水电工程边坡设计规范》（SL 386—2007），作为岩质边坡抗滑稳定计算的推荐方法之一。

萨尔玛法是1979年由萨尔玛先生提出的一种基于极限平衡理论的分析方法。在双滑面情况下，萨尔玛法与"等K法"是等效的。萨尔玛法力学模型相对严密，考虑了侧滑面上的作用力，其滑裂面可以是任意折线，且对条块形状没有特殊要求，既可采用直条分，也可根据实际工程地质情况采用斜条分的形式。

萨尔玛法的基本原理和假定如下：对各块体施加一个假想的水平体积力K_cW_i，假定在该体积力作用下，将条块底滑面及侧滑面的强度指标同步降低K倍，直至所研究的整个深层滑动系统（坝体及基岩整体）处于极限平衡状态（即给每个滑动块体施加一个临界加速度K_c），继而根据力的平衡原理及莫尔-库仑准则建立方程组，得到深层滑动系统的安全系数K。

若坝基岩体内发育有陡斜倾角的层间错动带或其他类型的软弱结构面，则进行条分时采用斜条分形式更合理。

6.4.2 有限元强度折减法

目前采用的安全系数主要有三种：一是基于强度储备的安全系数，即通过降低岩土体强度来体现安全系数；二是超载储备安全系数，即通过增大荷载来体现安全系数；三是下滑力超载储备安全系数，即通过增大下滑力但不增大抗滑力来计算滑坡推力设计值。目前，水利水电工程中多趋向于采用基于强度储备的安全系数。

20世纪50年代初，Bishop提出了通过降低岩土体强度指标的方式来定义安全系数。J. M. Duncan指出，边坡安全系数可以定义为使边坡刚好达到临界破坏状态时，对岩土体的剪切强度进行折减的程度。通过逐步减小抗剪强度指标，将c、φ值同时除以折减系数F_{sr}，从而得到一组新的强度指标c'、φ'，反复计算直至坝基达到临界破坏状态，此时采用的强度指标与岩土体原具有的强度指标之比，即为坝基的安全系数F_{sr}。

$$c' = c/F_{sr} \qquad\qquad (6.4-1)$$

$$\varphi' = \arctan(\tan\varphi / F_{sr}) \tag{6.4-2}$$

式中：c'和φ'为折减后的抗剪强度指标；F_{sr}为每次计算的折减系数，临界状态时的折减系数 F_{sr} 为坝基的安全系数 F_s。

由此所确定的强度储备安全系数概念与 Bishop 等在极限平衡法中所给出的稳定安全系数在概念上是一致的。

这种基于强度折减的方法思路清晰、原理简单，但是如何在不断降低岩土体强度参数的过程中判断坝基是否达到临界破坏状态一直是比较棘手的问题，引起了众多研究者的兴趣。目前，在边坡稳定数值分析中，判断边坡失稳破坏的标准主要有以下几个方面：收敛性准则、位移突变性准则或位移速率突变准则、动力学判据、塑性区贯通准则、广义剪应变准则或广义塑性应变准则等。应用这些准则来判定坝基的抗滑稳定安全系数各有其特点和实用性。

6.4.3　脆性材料常用屈服准则

对于岩石及混凝土材料，常用的屈服准则有：莫尔-库仑准则、德鲁克-普拉格准则及混凝土的三参数、四参数和五参数准则。

（1）莫尔-库仑准则。根据莫尔-库仑准则屈服准则，当应力状态达到下列极限时，材料即屈服，即：

$$|\tau| = c - \sigma\tan\varphi \tag{6.4-3}$$

式中：τ为最大剪应力；σ为作用在同一平面上的正应力；c为材料的凝聚力；φ为材料的内摩擦角。

式（6.4-3）为剪切破坏。由于岩石及混凝土材料抗拉强度低，往往是在剪应力远未达到抗剪强度时已出现拉裂，因此应增加一个抗拉强度准则，即：

$$\sigma_1 = f_t \tag{6.4-4}$$

式中：f_t为材料的抗拉强度。

式（6.4-4）称为扩展莫尔-库仑准则。

（2）德鲁克-普拉格准则。德鲁克-普拉格准则屈服面为角锥面，其角点在数值计算中常引起不便。为了得到近似于德鲁克-普拉格准则曲面的光滑屈服面，1952 年德鲁克-普拉格准则把 Mises 准则加以修改，提出如下屈服准则：

$$F = \alpha I_1 + \sqrt{J_2} - k = 0 \tag{6.4-5}$$

或者，利用$\xi = I_1/\sqrt{3}$和$r = \sqrt{2J_2}$，写成

$$F = \sqrt{6}\alpha\xi + r - \sqrt{2}k = 0 \tag{6.4-6}$$

式中：α、k为材料常数；I_i、J_i为应力张量、偏量的不变量。

由式（6.4-5）和式（6.4-6）可知，德鲁克-普拉格屈服曲面是一个正圆锥面，它在π平面上的截线是一个圆。

适当地选取常数α和k，可以使德鲁克-普拉格屈服曲面接近于莫尔-库仑屈服面。一般有外接圆和内接圆两种：

外接圆：

$$\alpha = \frac{2\sin\varphi}{\sqrt{3}(3-\sin\varphi)}, k = \frac{6c\cos\varphi}{\sqrt{3}(3-\sin\varphi)} \tag{6.4-7}$$

则在各截面上，德鲁克-普拉格准则屈服面都与莫尔-库仑六边形的外顶点相重合。

内接圆：
$$\alpha = \frac{2\sin\phi}{\sqrt{3}(3+\sin\phi)}, k = \frac{6c\cos\phi}{\sqrt{3}(3+\sin\phi)} \qquad (6.4-8)$$

则德鲁克-普拉格屈服面将与莫尔-库仑六边形的内顶点相重合。

（3）Hsieh - Ting - Chen 四参数准则。Hsieh、Ting、Chen 等人在1979年提出了如下屈服准则，即：

$$f(I_1, J_2, \sigma_1) = a\frac{J_2}{R_c^2} + b\frac{\sqrt{J_2}}{R_c} + c\frac{\sigma_1}{R_c} + d\frac{I_1}{R_c} - 1 = 0 \qquad (6.4-9)$$

a、b、c、d 四个参数取决于试验资料。该准则在子午面上的屈服线是曲线，在偏量平面上的屈服线不是圆形而接近于三角形。当 $a=c=0$，该准则退化为德鲁克-普拉格，当 $a=c=d=0$，该准则退化为米塞斯准则。这个准则计算比较简单，同时与试验资料匹配也比较容易，但在受压子午面上，屈服面有角点。

（4）Willam - Warnke 三参数和五参数准则。Willam 和 Warnke 1975年提出了一个三参数屈服准则。其屈服曲线在偏量平面上接近于三角形，在子午面上是直线。其后不久又提出了五参数准则，使屈服曲线在子午面上是曲线，以便更好地拟合试验资料。

混凝土等脆性材料在偏量平面上的破坏曲线近似于等边三角形。为了得到没有尖角的光滑曲线，由于三重对称，Willam 和 Warnke 在 $0° \leqslant \theta \leqslant 60°$ 范围内用椭圆的一部分去拟合，用极坐标表示椭圆如下：

$$r(\theta) = \frac{2r_c(r_c^2 - r_t^2)\cos\theta + r_c(2r_t - r_c)[4(r_c^2 - r_t^2)\cos^2\theta + 5r_t^2 - 4r_t r_c]^{1/2}}{4(r_c^2 - r_t^2)\cos^2\theta + (r_c - 2r_t)^2} \qquad (6.4-10)$$

式中：r_t、r_c 分别为受拉子午面和受压子午面上的 r 值。

1）Willam - Warnke 三参数准则。利用上面求出的 $r(\theta)$，Willam 和 Warnke 提出三参数屈服准则如下：

$$F(\sigma_m, \tau_m, \theta) = \frac{1}{\rho}\frac{\sigma_m}{R_c} + \frac{1}{r(\theta)}\frac{\tau_m}{R_c} - 1 \qquad (6.4-11)$$

$$\left.\begin{array}{l} \sigma_m = \dfrac{I_1}{3} = \dfrac{\xi}{\sqrt{3}} \\[3mm] \tau_m = \sqrt{\dfrac{2J_2}{5}} = \dfrac{r}{\sqrt{5}} \end{array}\right\} \qquad (6.4-12)$$

$$\xi = \frac{1}{\sqrt{3}}I_1, \quad r = \sqrt{2J_2} \qquad (6.4-13)$$

式中：R_c 为混凝土的抗压强度；r_t、r_c、ρ 由试验资料决定。

2）Willam - Warnke 五参数准则。为了更好地符合材料试验资料，假定在受拉和受压子午面上，τ_m 与 σ_m（即 r 与 ξ）之间存在二次函数关系如下：

$$\left.\begin{array}{l} \dfrac{r_t}{\sqrt{5}R_c} = \dfrac{\tau_{mt}}{R_c} = a_0 + a_1\dfrac{\sigma_m}{R_c} + a_2\left(\dfrac{\sigma_m}{R_c}\right)^2 \quad (\theta = 0°) \\[4mm] \dfrac{r_c}{\sqrt{5}R_c} = \dfrac{\tau_{mc}}{R_c} = b_0 + b_1\dfrac{\sigma_m}{R_c} + b_2\left(\dfrac{\sigma_m}{R_c}\right)^2 \quad (\theta = 60°) \end{array}\right\} \qquad (6.4-14)$$

式（6.4-14）中，有 6 个参数，但这 2 条曲线在静水应力轴上应相交于同一点，$\sigma_{m0}/R_c=\rho$，考虑这个条件后，参数减为 5。在两个子午面之间用椭圆相连接，此椭圆用极坐标表示如下（$0°\leqslant\theta\leqslant60°$）：

$$r(\sigma_m,\theta)=\frac{2r_c(r_c^2-r_t^2)\cos\theta+r_c(2r_t-r_c)[4(r_c^2-r_t^2)\cos^2\theta+5r_t^2-4r_tr_c]^{1/2}}{4(r_c^2-r_t^2)\cos^2\theta+(r_c-2r_t)^2} \qquad (6.4-15)$$

在五参数准则中，先由式（6.4-14）计算 r_c 和 r_t，再代入式（6.4-15），即得到屈服面。

6.4.4　锚筋桩等效抗剪强度的确定

采用锚筋桩加固处理以后的坝基面抗滑稳定安全系数可按下式进行计算：

$$k_c=\frac{f'\sum W+c'A+c_bA}{\sum P} \qquad (6.4-16)$$

式中：k_c 为按抗剪强度计算的抗滑稳定安全系数；$\sum W$ 为作用于闸体上全部荷载对滑动平面的法向分量，kN；$\sum P$ 为作用于闸体上全部荷载对滑动平面的切向分量，kN；A 为计算闸段的坝基面底面积，m^2；f' 为闸基混凝土与岩石接触面的抗剪断摩擦系数；c' 为闸体混凝土与闸基接触面的抗剪断凝聚力，kPa；c_b 为闸体混凝土与闸基接触面的锚筋桩等效抗剪强度，kPa。

锚筋桩的工作原理是：当闸基受闸体水平推力作用时，由于锚筋桩抗拔力的水平分力、附加剪面摩擦力以及锚筋前部岩体抗力等综合力学效应，使得闸基的承载和抗剪能力有较大的提高。为在闸坝抗滑稳定的极限平衡法中反映锚筋桩的作用，需恰当评估闸体混凝土与闸基接触面的锚筋桩等效抗剪强度 c_b。记 T 为直剪试验中施加的最大剪力，T_N 为未加锚节理岩体的抗剪强度，P_t 为锚杆的最大拉力。用 T_o 来表示由锚杆产生的那部分抗剪强度（$T_o=T-T_N$）。剪切位移达到某值时，加锚节理岩体达到最大荷载 T_o；位移继续增加，荷载反而减小，最终发生脆性破坏。根据瑞士联邦理工学院的试验，T_o 的表达式为：

$$T_o=P_t[1.55+0.011\sigma_c^{1.07}\sin^2(\alpha+i)]\sigma_c^{-0.14}(0.85+0.45\tan\varphi) \qquad (6.4-17)$$

式中：σ_c 为岩石的单轴抗压强度；i 和 φ 为裂隙或潜在滑裂面的剪胀角和摩擦角；α 为锚杆的倾角。

若锚杆的控制面积为 A'，则式中锚杆对凝聚力的贡献为：

$$c_b=\frac{T_o}{A'} \qquad (6.4-18)$$

6.5　计算参数与判断标准

6.5.1　计算参数

根据地质素描资料，并结合类似工程，拟定滑动面的抗剪断强度参数，见表 6.5-1。

6.5.2　判断标准

根据《混凝土重力坝设计规范》（SL 319—2005）第 6.4.1 条规定：按抗剪断强度公式计算的坝基面抗滑稳定安全系数 K 值应不小于表 6.5-2 的规定。

表 6.5−1　　　　　　　　　　滑动面的抗剪断强度参数汇总表

名称	抗剪断强度参数		名称	抗剪断强度参数	
	f'	c'/MPa		f'	c'/MPa
层间软弱夹层	0.225	0.025	混凝土/岩体	0.6	0.5
断层	0.3	0.035	混凝土/混凝土	0.9	1.5
节理裂隙	0.4	0.1			

表 6.5−2　　　　　　　　　　坝基面抗滑稳定安全系数

荷载组合		K
基本组合		3.0
特殊组合	(1)	2.5
	(2)	2.3

6.6　计算荷载及工况

6.6.1　计算荷载

闸基深层抗滑稳定分析时，考虑以下计算荷载：

（1）自重。泄水闸混凝土自重取 25kN/m^3，地基岩体自重取 26kN/m^3。

（2）上、下游水压力。计算时水容重取 10kN/m^3，特征水位见表 6.6−1。

（3）地基扬压力。按照《水工建筑设计规范》（DL 5077—1997）第 8.3 条规定：岩基上水闸底面的扬压力分布图形，可按实体重力坝情况确定。在进行闸基深层抗滑稳定分析时，闸基的扬压力是通过泄水闸和闸基中的浸润线来近似模拟。对于护坦以上的下游水体压重，可通过作用于护坦底板上和作用在下游水位以下坝面上的水压力来模拟。

（4）淤沙压力。闸前淤沙泥沙浮容重取 7.8kN/m^3，泥沙内摩擦角取 $12°$。作用于坝面单位长度上的水平淤沙压力按下式计算：

$$P_{sk} = \frac{1}{2}\gamma_{sb}h_s^2\tan^2\left(45° - \frac{\varphi_s}{2}\right) \qquad (6.6-1)$$

其中　　　　　　　　　　　　$\gamma_{sb} = \gamma_{sd} - (1-n)\gamma_w$

式中：P_{sk} 为淤沙压力值，kN/m；γ_{sb} 为淤沙的浮容重，kN/m^3；γ_{sd} 为淤沙压力的干容重，kN/m^3；n 为淤沙的孔隙率；h_s 为坝前淤沙的淤积厚度，m；φ_s 为淤沙的内摩擦角，$(°)$。

6.6.2　计算工况

在泄水闸闸基深层抗滑稳定分析中，除了近似双斜面的滑动模式和相应的材料物理力学性质外，水的作用对深层抗滑稳定的分析成果有重要的影响。因此，在确定某一闸基深层滑动模式后，结合泄水闸不同运行情况，考虑以下 5 种泄水闸不同上下游的水位组合，见表 6.6−1。

表 6.6-1   各计算工况的特征水位

工况	上游水位/m	下游水位/m	备注
工况 1：正常蓄水位	46.00	30.30	
工况 2：设计洪水位	49.00	46.62	
工况 3：完建工况	—	—	上、下游无水
工况 4：校核洪水位	49.00	47.41	
工况 5：检修工况	46.00	36.61	

6.7 先期稳定分析及加固处理措施

泄水闸下游采用底流式消能，在闸室下游设置钢筋混凝土消力护坦，护坦底板高程与闸室下游段底板高程同为 26.50m，总长度为 60.0m。护坦板设有纵、横分缝，垂直水流方向横间距为 20.0m，共分 3 块。自上游向下游依次称作为护坦 A、护坦 B、护坦 C。原设计护坦 A 板厚为 2.0m，护坦 B、护坦 C 板厚 1.0m。

在基坑开挖揭露后，为满足工程施工进度要求，首先采用《混凝土重力坝设计规范》(SL 319—2005) 提供的等安全系数法（等 K 法），按双滑动面情况进行了分析计算，并提出了相应的加固处理方案。

经分析计算，在未进行加固处理时，闸基深层抗滑稳定不满足规范要求，必须采取有效措施进行加固处理。提高闸基抗滑稳定性常用的措施有加深开挖、增加尾岩抗力、设置抗剪键槽或抗剪桩、采用预应力锚索等。应根据工程实际情况，进行综合分析比较后选定，一般常采用综合措施进行加固处理。

当时，闸室施工基坑已开挖成形，其周边已布置有施工门机轨道等施工临时设施，闸室上游端齿槽混凝土也已浇筑完毕，故无法加深开挖和设置抗剪键槽；如在闸室底板设预应力锚索，则施工复杂且工期较长，施工进度不能满足要求。

结合工程布置特点和实际施工状况，经综合分析比较认为，闸室下游设有消力护坦，可作为尾部抗力体表面混凝土压盖，并对抗力体起到保护作用，用来提高闸基的抗滑稳定性，主要措施为：加厚消力护坦板，并将各分缝块连成整体，并采取固结灌浆、设置锚筋桩、锚杆等措施。这种加固处理措施，不仅施工简便，还能缩短工期，节约投资。

以上加固处理措施，在下述的分析研究中称之为"原加固措施"。

6.8 典型闸段深层抗滑稳定分析

根据对各闸段深层滑动破坏模式的分析结果，选择 11 号、12 号、14 号、16 号、17 号闸段作为典型闸段进行深层抗滑稳定分析。在各滑动模式下，均认为在上游水平荷载作用下，上游闸踵处首先发生拉裂破坏。为安全计，不考虑闸踵以上岩体的抗剪作用。

6.8.1 11 号闸段深层抗滑稳定分析

据根地质素描资料可知，11 号闸段基底存在倾向下游缓倾角层间软弱夹层，倾角为

18°，构成了闸基深层滑动的主要滑动面；下游护坦基底存在倾向上游断层，倾角为50°，与软弱夹层相交形成贯通的滑移通道，属多滑面，采用萨尔玛法计算。

1. 原加固措施下的抗滑稳定分析

11 号闸段的原加固措施如下：

(1) 泄水闸底板基础固结灌浆孔深度增加至 10m。

(2) 将护坦 A（桩号坝横 0+047.0～0+067.0 段）底板厚度由原设计的 2.0m 增加至 4.0m，坝横 0+067.0 处护坦板加厚至 4.0m 后，其端面键槽可按照原设计泄水闸底板在坝横 0+047.0 处键槽施工。护坦 A 各部位钢筋直径及间距不变，钢筋型式、长度及根数根据上述修改作相应调整。

(3) 护坦 A 锚筋直径由 28mm 改为 36mm，锚筋入岩深度由 4.5m 改为 8.0m，锚筋钻孔孔径不小于 75mm。护坦 A 基础增设固结灌浆，锚筋孔兼为固结灌浆孔，灌浆孔深度 8.0m。

A 区护坦厚度由 2m 增加到 4m，增大抗力体压重，提高了抗滑能力，但各区护坦并未连成整体。结合滑动模式分析可知，在水平荷载作用下，11 号闸段最危险滑面为沿软弱夹层，经 A 与 B 区护坦接缝处直接滑出，计算结果见表 6.8-1。根据计算结果可知，原加固措施条件下，正常蓄水位、设计洪水位及检修工况的深层抗滑稳定安全系数不满足规范要求，需进一步加固处理，以提高抗滑能力。

表 6.8-1 11 号闸段深层抗滑稳定计算成果表（原加固措施下）

滑动模式	计算工况	抗滑稳定安全系数	
		计算值	允许值
沿 A 区与 B 区护坦接缝处滑出	正常蓄水位	1.986	3.0
	设计洪水位	2.901	3.0
	校核洪水位	3.062	2.5
	检修工况	2.247	2.5

2. 加固处理后的抗滑稳定分析

为了提高 11 号闸段的抗滑能力，需对 11 号闸段采取进一步的加固措施。结合工程特点，提出以下两种加固方案：一种是进一步开挖基础，加大护坦厚度，并将部分或全部护坦连成整体，进一步提高抗力体的阻滑能力；二是在部分护坦区域布置一定数量锚筋桩，以提高滑动面的抗滑能力。

(1) 加厚方案。根据现场施工特点，将 A 区与 B 区护坦连成整体，以提高护坦的整体抗滑能力。该措施下最危险的滑动破坏为：沿软弱夹层，经 A 区域护坦部分底面，以某一角度（假定为 45°）将 B 区域护坦（护坦厚度为 1m）剪断并滑出（简称：B 区域剪断，A_width=4m，B_width=1m），计算结果见表 6.8-2。由计算结果可知，在原加固措施下，将 A 区与 B 区护坦连成整体，虽能提高闸墩的深层抗滑能力，但正常蓄水位、检修工况下的抗滑稳定系数不满足规范规定，需进一步加固处理，以提高抗滑能力。

表 6.8－2　　　　　　　　　11 号闸段深层抗滑稳定计算成果表（一）

滑动模式	计算工况	抗滑稳定安全系数	
		计算值	允许值
B 区剪断	正常蓄水位	2.150	3.0
	设计洪水位	3.285	3.0
	校核洪水位	3.756	2.5
	检修工况	2.462	2.5

为此，将 B 护坦厚度由 1m 加厚至 2m。该措施下的最危险滑面为：沿软弱夹层，经 A、B 护坦底面，从 B 区与 C 区护坦接缝处直接滑出（简称：B 区与 C 区接缝破坏，A_width＝4m，B_width＝2m），计算结果见表 6.8－3。由计算结果可知，B 区护坦加厚后，闸墩抗滑能力得到提高，但正常蓄水位下不满足规范要求，需进一步增加加固措施。

表 6.8－3　　　　　　　　　11 号闸段深层抗滑稳定计算成果表（二）

滑动模式	计算工况	抗滑稳定安全系数	
		计算值	允许值
B 区与 C 区接缝破坏	正常蓄水位	2.715	3.0
	设计洪水位	4.091	3.0
	校核洪水位	4.311	2.5
	检修工况	2.872	2.5

在以上加固措施基础上，继续将 B 区和 C 区护坦连成整体，以提高护坦的整体抗滑能力。该措施下最危险的滑动破坏有以下三种：

1）沿软弱夹层，经 A 区域护坦部分底面，以某种角度（假定为 45°）将 B 区域护坦（护坦厚度为 2m）剪断并滑出（简称：B 区域剪断，A_width＝4m，B_width＝2m）。

2）沿软弱夹层，经 A、B 护坦底面，以某种角度（假定为 45°）将 C 区域护坦剪断并滑出（简称：C 区域剪断，A_width＝4m，B_width＝2m，C_width＝1m）。

3）沿软弱夹层，经 A、B、C 护坦底面滑出（简称：A、B、C 区域整体作用，A_width＝4m，B_width＝2m，C_width＝1m）。

计算结果见表 6.8－4。由计算结果可知，A 区域护坦厚度维持 4m 不变，B 区域护坦加厚至 2m，C 区域护坦厚度维持 1m，各区域护坦接缝按整体连接进行处理，能够大幅度提高闸墩的深层抗滑能力，各工况下的抗滑稳定安全系数均满足规范要求。

（2）锚筋桩加固方案。岩石锚杆可作为重要的抗滑稳定措施用于混凝土大坝不良基础的处理。尤其是当施工开始后，若基坑开挖发现实际地质条件比勘探预测的要差，而扩大段面、深挖、固结灌浆等措施的作用有限时，岩石锚杆处理方案的优越性就比较显著。参考国内外类似工程处理经验，拟定三种锚筋桩加固方案，即在原加固措施下，在 A 区护坦中后部区域布置若干锚筋桩，同时将 A 区与 B 区护坦连成整体，以提高护坦的整体抗滑能力。单根锚筋桩由 3 根螺纹钢筋组成，具体布置见表 6.8－5。锚筋桩的工作原理是：当闸基受闸体水平推力作用时，由于锚筋桩抗拔力的水平分力、附加剪面摩擦力以及锚筋

表 6.8－4　　　　　　　　　11 号闸段深层抗滑稳定计算成果表（三）

滑动模式	计算工况	抗滑稳定安全系数	
		计算值	允许值
B 区域剪断	正常蓄水位	3.031	3.0
	设计洪水位	4.584	3.0
	校核洪水位	4.855	2.5
	检修工况	3.282	2.5
C 区域剪断	正常蓄水位	3.148	3.0
	设计洪水位	5.111	3.0
	校核洪水位	5.757	2.5
	检修工况	3.721	2.5
A、B、C 区域整体作用	正常蓄水位	3.660	3.0
	设计洪水位	5.678	3.0
	校核洪水位	6.458	2.5
	检修工况	3.964	2.5

表 6.8－5　　　　　　　　不同锚筋桩布置的等效抗剪强度指标

加固措施	布置方式	等效抗剪强度 c_b/MPa
锚筋桩措施	$3\phi36mm@2.0m×2.0m$ 的系统锚筋桩，梅花形布置	0.58
	$3\phi36mm@2.5m×2.0m$（顺流向×垂直流向）的系统锚筋桩，梅花形布置	0.45
	$3\phi36mm@3.0m×3.0m$ 的系统锚筋桩，梅花形布置	0.25

前部岩体抗力等综合力学效应，使得闸基的承载和抗剪能力有较大的提高。为在闸坝抗滑稳定的极限平衡法中反映锚筋桩的作用，需恰当评估闸体混凝土与闸基接触面的锚筋桩等效抗剪强度 c_b，不同布置方案的锚筋桩等效抗剪强度 c_b 可按式（6.4－18）进行计算。

在以上锚筋桩加固措施下，闸段最危险的滑动破坏模式主要有以下两种：

1）沿软弱夹层，经 A 区域护坦部分底面，以某种角度（假定为 45°）将 B 区域护坦（护坦厚度为 1m）剪断并滑出（简称：B 区域剪断，A_width＝4m，B_width＝1m）；

2）沿软弱夹层，经 A、B 护坦底面，从 B 区与 C 区护坦接缝处直接滑出（简称：B 与 C 区域接缝破坏，A_width＝4m，B_width＝1m）。

计算结果见表 6.8－6。由计算结果可知，锚筋桩加固方案可提高闸段的深层抗滑能力；$3\phi36mm@3.0m×3.0m$ 锚筋桩方案在正常蓄水位时不满足规范要求；而 $3\phi36mm@2.5m×2.0m$ 和 $3\phi36mm@2.0m×2.0m$ 锚筋桩方案在各种工况下均满足规范要求。

6.8.2　12 号闸段深层抗滑稳定分析

根据地质素描资料可知，12 号闸段基底存在数组倾向下游缓倾角层间软弱夹层，倾角为 4°～26°，构成了闸基深层滑动的主要滑动面；下游护坦基底存在倾向上游断层，倾角为 50°，与软弱夹层相交形成贯通的滑移通道，属多滑面，采用萨尔玛法计算。

表 6.8－6　　　　　　11 号闸段深层抗滑稳定计算成果表（锚筋桩方案）

锚筋桩加固方案	滑动模式	计算工况	抗滑稳定安全系数	
			计算值	允许值
$3\phi36mm@2.0m\times2.0m$ 的系统锚筋桩，梅花形布置	B 区剪断 ($A\_width=4m$，$B\_width=1m$)	正常蓄水位	3.143	3.0
		设计洪水位	4.495	3.0
		校核洪水位	4.855	2.5
		检修工况	3.345	2.5
	B 区与 C 区接缝破坏 ($A\_width=4m$，$B\_width=1m$)	正常蓄水位	3.379	3.0
		设计洪水位	4.852	3.0
		校核洪水位	5.315	2.5
		检修工况	3.502	2.5
$3\phi36mm@2.5m\times2.0m$（顺流向×垂直流向）的系统锚筋桩，梅花形布置	B 区剪断 ($A\_width=4m$，$B\_width=1m$)	正常蓄水位	3.049	3.0
		设计洪水位	4.323	3.0
		校核洪水位	4.667	2.5
		检修工况	3.232	2.5
	B 区与 C 区接缝破坏 ($A\_width=4m$，$B\_width=1m$)	正常蓄水位	3.281	3.0
		设计洪水位	4.680	3.0
		校核洪水位	5.125	2.5
		检修工况	3.380	2.5
$3\phi36mm@3.0m\times3.0m$ 的系统锚筋桩，梅花形布置	B 区剪断 ($A\_width=4m$，$B\_width=1m$)	正常蓄水位	2.908	3.0
		设计洪水位	4.062	3.0
		校核洪水位	4.381	2.5
		检修工况	3.062	2.5
	B 区与 C 区接缝破坏 ($A\_width=4m$，$B\_width=1m$)	正常蓄水位	3.135	3.0
		设计洪水位	4.416	3.0
		校核洪水位	4.833	2.5
		检修工况	3.193	2.5

1. 原加固措施下的抗滑稳定分析

12 号闸段的原加固措施与 11 号闸段相同，结合滑动模式分析可知，在水平荷载作用下，12 号闸段最危险滑面为沿软弱夹层，经 A 区与 B 区护坦接缝处直接滑出。计算结果见表 6.8－7。根据计算结果可知，原加固措施下正常蓄水位的深层抗滑稳定安全系数不满足规范要求，需进一步加固处理，以提高抗滑能力。

2. 加固处理后的抗滑稳定分析

同 11 号闸段类似，12 号闸段的加固方式主要两种，即加大护坦厚度和在部分护坦区域布置一定数量锚筋桩。

（1）加厚方案。经过类似 11 号闸段的计算过程，最终满足规范要求的加厚方案为：将 A 区与 B 区护坦、B 区与 C 区护坦均连成整体，A 护坦厚 4m，B 护坦厚 2m。

表 6.8－7　　　　　　　12 号闸段深层抗滑稳定计算成果表（原加固措施下）

滑动模式	计算工况	抗滑稳定安全系数	
		计算值	允许值
沿 A 区与 B 区护坦接缝处滑出	正常蓄水位	2.411	3.0
	设计洪水位	3.646	3.0
	校核洪水位	3.837	2.5
	检修工况	2.747	2.5

结合滑动破坏模式分析可知，该措施下最危险的滑动破坏有三种情况，计算结果见表 6.8－8。由计算结果可知，A 区域护坦厚度维持 4m 不变，B 区域护坦加厚至 2m，C 区域护坦厚度维持 1m，各区域护坦接缝按整体连接进行处理，各工况下的抗滑稳定安全系数均满足规范要求。

表 6.8－8　　　　　　　12 号闸段深层抗滑稳定计算成果表（加厚方案）

滑动模式	计算工况	抗滑稳定安全系数	
		计算值	允许值
B 区域剪断	正常蓄水位	3.150	3.0
	设计洪水位	5.315	3.0
	校核洪水位	5.713	2.5
	检修工况	3.564	2.5
C 区域剪断	正常蓄水位	4.404	3.0
	设计洪水位	12.743	3.0
	校核洪水位	14.852	2.5
	检修工况	5.484	2.5
A、B、C 区域整体作用	正常蓄水位	3.958	3.0
	设计洪水位	6.194	3.0
	校核洪水位	6.535	2.5
	检修工况	4.565	2.5

（2）锚筋桩方案。鉴于 12 号闸段滑动破坏特征与 11 号闸段类似，故拟定与 11 号闸段相同的锚筋桩加固方案，具体加固方案见表 6.8－9。在以上锚筋桩加固措施下，闸墩最危险的滑动破坏模式主要有两种，计算结果见表 6.8－9。由计算结果可知，3 种锚筋桩加固方案的抗滑安全系数均满足规范要求。

6.8.3　14 号闸段深层抗滑稳定分析

13～15 号闸段原加固处理措施相同，取相对较危险的 14 号闸段进行分析计算。根据地质素描资料可知，14 号闸段基底存在倾向下游缓倾角层间软弱夹层，倾角为 12°，构成了闸基深层滑动的主要滑动面；下游基底存在倾向上游软弱夹层，倾角为 21°，两组软弱夹层相交形成贯通的滑移通道，属多滑面，采用萨尔玛法计算。

表 6.8−9　　　　　　　　12 号闸段深层抗滑稳定计算成果表（锚筋桩方案）

锚筋桩方案	滑动模式	计算工况	抗滑稳定安全系数	
			计算值	允许值
3φ36mm@2.0m×2.0m 的系统锚筋桩，梅花形布置	B 区剪断（A_width=4m, B_width=1m）	正常蓄水位	3.491	3.0
		设计洪水位	6.293	3.0
		校核洪水位	6.857	2.5
		检修工况	3.886	2.5
	B 区与 C 区接缝破坏（A_width=4m, B_width=1m）	正常蓄水位	3.798	3.0
		设计洪水位	6.640	3.0
		校核洪水位	7.125	2.5
		检修工况	4.122	2.5
3φ36mm@2.5m×2.0m（顺流向×垂直流向）的系统锚筋桩，梅花形布置	B 区剪断（A_width=4m, B_width=1m）	正常蓄水位	3.374	3.0
		设计洪水位	6.031	3.0
		校核洪水位	6.569	2.5
		检修工况	3.733	2.5
	B 区与 C 区接缝破坏（A_width=4m, B_width=1m）	正常蓄水位	3.668	3.0
		设计洪水位	6.417	3.0
		校核洪水位	6.893	2.5
		检修工况	3.920	2.5
3φ36mm@3.0m×3.0m 的系统锚筋桩，梅花形布置	B 区剪断（A_width=4m, B_width=1m）	正常蓄水位	3.199	3.0
		设计洪水位	5.632	3.0
		校核洪水位	6.129	2.5
		检修工况	3.501	2.5
	B 区与 C 区接缝破坏（A_width=4m, B_width=1m）	正常蓄水位	3.468	3.0
		设计洪水位	5.967	3.0
		校核洪水位	6.357	2.5
		检修工况	3.715	2.5

13～15 号闸段原加固处理措施如下：

（1）13～14 号泄水闸底板基础固结灌浆孔深度增加至 10m。

（2）将护坦 A（桩号坝横 0+047.0～0+067.0 段）底板厚度由原设计的 2.0m 增加至 4.0m，并将泄水闸底板与护坦 A 联成整体；在泄水闸底板与护坦 A 之间设置受力钢筋①及②。取消原设计图上所设泄水闸底板及护坦 A 在桩号坝横 0+047 处端面上的键槽及钢筋；坝横 0+067.0 处护坦板加厚至 4.0m 后，其端面键槽可按照原设计泄水闸底板在坝横 0+047.0 处键槽施工。护坦 A 其他部位钢筋直径及间距不变，钢筋型式、长度及根数根据上述修改作相应调整。泄水闸底板及护坦 A 两者顶面、底面顺水流向钢筋应拉直并相互连接，其连接接头应满足相关规程规范的要求。

（3）泄水闸底板与护坦 A 之间联成整体后，施工方应根据其混凝土浇筑能力及混凝土温度控制要求考虑分段浇筑，如分段浇筑，施工缝面应按有关设计文件要求，设置键槽及缝面接触灌浆管路，进行灌浆处理。另外，施工缝面应设 $\phi32mm@500mm$ 插筋，梅花形布置，插筋锚入缝面两侧混凝土内长各为 1280mm。

（4）护坦 A 锚筋直径由 28mm 改为 36mm，锚筋入岩深度由 4.5m 改为 8.0m，锚筋钻孔孔径不小于 75mm。护坦 A 基础增设固结灌浆，锚筋孔兼为固结灌浆孔，灌浆孔深度 8.0m。A 区护坦厚度由 2m 增加到 4m，但各区护坦并未连成整体。结合滑动模式分析可知，在水平荷载作用下，14 号闸段最危险滑面为沿软弱夹层，经 A 与 B 区护坦接缝处直接滑出，计算结果见表 6.8 - 10。根据计算结果可知，原加固措施下各种工况的深层抗滑稳定安全系数均满足规范要求。

表 6.8 - 10　　　　　14 号闸段深层抗滑稳定计算成果表（原加固措施下）

滑动模式	计算工况	抗滑稳定安全系数	
		计算值	允许值
沿护坦底面滑出	正常蓄水位	5.939	3.0
	设计洪水位	8.452	3.0
	校核洪水位	9.125	2.5
	检修工况	6.874	2.5

6.8.4　16 号闸段深层抗滑稳定分析

根据地质素描资料可知，16 号闸段基底上游存在倾向下游缓倾角层间错动夹层，倾角为 7°～10°，下游基底存在倾向上游陡倾角节理裂隙 J_2，倾角为 65°～85°，两组结构面相交形成贯通。此滑动破坏模式为典型的双面滑，采用"等 K 法"。16 号闸段原加固处理措施如下：

（1）泄水闸闸室底板设锚筋桩。锚筋桩采用 1 根 $\phi32$ 钢筋和 1 根 4 分钢管（管径 DN15）注浆管，锚筋桩孔结合固结灌浆孔布置及施工，锚筋桩伸入基岩 5.0m，顶部伸入底板混凝土 2.0m，孔径不小于 90mm。

（2）护坦 A 底板厚度维持 2.0m，取消护坦 A 与泄水闸底板之间的填缝泡沫塑料板（无缝宽）。

（3）护坦 A 锚筋直径由 28mm 改为 36mm，锚筋入岩深度由 4.5m 改为 6.5m，锚筋钻孔孔径不小于 75mm。

护坦 A 底板厚度维持 2.0m，取消护坦 A 与泄水闸底板之间的填缝泡沫塑料板（无缝宽）；结合滑动模式分析可知，在水平荷载作用下，16 号闸段最危险滑面为沿缓倾角层间错动夹层与陡倾角节理裂隙组成的折线形滑面，经闸墩与 A 区护坦接缝处滑出，计算结果见表 6.8 - 11。根据计算结果可知，原加固措施下各种工况的深层抗滑稳定安全系数均满足规范要求。

6.8.5　17 号闸段深层抗滑稳定分析

根据地质素描资料可知，17 号闸段基底存在若干组陡倾角节理裂隙以及缓倾角的层

表 6.8 - 11　　　　　16 号闸段深层抗滑稳定计算成果表（原有设计条件下）

滑动模式	计算工况	抗滑稳定安全系数	
		计算值	允许值
双面滑动	正常蓄水位	3.127	3.0
	设计洪水位	5.462	3.0
	校核洪水位	5.835	2.5
	检修工况	3.441	2.5

间软弱夹层，这些结构面相互交割，会形成折线形滑移通道；在水平荷载作用下，闸墩有可能沿着该滑移通道发生滑动破坏。由于该滑动破坏模式属于典型的多面滑动，故采用萨尔玛进行计算。

首先进行原有设计条件下的抗滑稳定分析。

17 号闸段闸室后设有长 20m，厚 2m 的钢筋混凝土护坦 A，结合滑动破坏分析，17 号闸段最危险滑面经由护坦底面滑动，计算结果见表 6.8 - 12。根据计算结果可知，原有设计条件下各种工况的深层抗滑稳定安全系数均满足规范要求。

表 6.8 - 12　　　　　17 号闸段深层抗滑稳定计算成果表（原有设计条件下）

滑动模式	计算工况	抗滑稳定安全系数	
		计算值	允许值
沿护坦底面滑出	正常蓄水位	3.758	3.0
	设计洪水位	6.463	3.0
	校核洪水位	6.957	2.5
	检修工况	4.432	2.5

6.8.6　18 号闸段深层抗滑稳定分析

与 17 号闸段类似，18 号闸段基底存在若干组陡倾角节理裂隙以及缓倾角的层间软弱夹层，这些结构面相互交割，会形成折线形滑移通道。由于该滑动破坏模式属于典型的多面滑动，故采用萨尔玛法进行计算。首先进行原有设计条件下的抗滑稳定分析。

17 号闸段闸室后设有长 20m，厚 2m 的钢筋混凝土护坦 A，结合滑动破坏分析，18 号闸段的最危险滑面经由护坦底面滑动，计算结果见表 6.8 - 13。根据计算结果可知，原有设计条件下各种工况的深层抗滑稳定安全系数均满足规范要求。

表 6.8 - 13　　　　　18 号闸段深层抗滑稳定计算成果表（原有设计条件下）

滑动模式	计算工况	抗滑稳定安全系数	
		计算值	允许值
沿护坦底面滑出	正常蓄水位	4.057	3.0
	设计洪水位	6.585	3.0
	校核洪水位	7.003	2.5
	检修工况	4.722	2.5

6.9　11号闸段非线性有限元分析

6.9.1　分析方法

典型闸墩的深层抗滑稳定安全系数采用非线性数值方法进行校核，采用如下方式：

在基础软弱面位置和滑动面位置布置实体单元，根据材料分区，如软弱夹层、断层、基岩和混凝土结合面等，分别给定不同的强度，包括凝聚力和摩擦系数，在正常荷载作用下，对每个单元进行屈服判断，判断准则采用莫尔-库仑屈服准则，得到正常情况下的屈服区分布情况。

保持施加正常荷载，逐渐降低实体单元强度，降低幅度在初期阶段按照 0.1 的步长，后期逐渐加密至 0.02，屈服区会随强度降低逐渐扩大，一旦屈服区完全贯通，计算不再收敛，将此时的降强系数（即强度降低幅度）求倒数，即可得到深层抗滑稳定安全系数。

在考虑加固措施时，锚筋桩的工作原理是当闸基受闸体水平推力作用时，由于锚筋桩抗拔力的水平分量、附加剪切面摩擦力以及锚筋前部岩体抗力等综合力学效应，使得闸基的承载和抗剪能力有较大的提高，在计算中，可认为主要体现在凝聚力的增加上，摩擦系数影响不予考虑。凝聚力增加值与结构力学计算方法时相同。

6.9.2　计算软件

计算主要采用非线性有限元数值分析方法，具体采用中国水利水电科学研究院结构材料研究所自编的 SAPTIS 软件。温度场、应力场仿真及非线性分析软件系统 SAPTIS 开发始自 20 世纪 80 年代早期，早期的程序是一个三维稳定温度场、准稳定温度场及温度应力计算程序，能够模拟混凝土坝每一仓混凝土的浇筑，模拟水化热、环境温度变化、温控措施等影响下的大坝混凝土的温度变化过程，模拟混凝土的硬化过程和徐变，计算混凝土结构的施工期温度应力变化过程。目前 SAPTIS 软件是结构温度、变形、应力分析系统，包括前处理部分、后处理部分和计算分析部分三部分。可用于仿真模拟混凝土结构的施工过程中温度场、应力场的变化，对一般结构进行线弹性和非线性分析；可以仿真模拟混凝土结构浇筑过程中多种因素、多种措施对温度场、应力场的影响；各种工程措施如灌浆、锚杆锚索、基础处理等对工程结构变形、应力和承载力的影响；多种缝如横缝、裂缝等的开合等。SAPTIS 系统已用于国内三峡、小湾、溪洛渡、龙滩、锦屏、光照、景洪、武都、向家坝等数十座大中型工程的仿真分析、受力分析及承载力分析。

SAPTIS 的非线性分析模块是在线弹性仿真分析的基础上开发的，将温度分析模块得到的温度荷载直接代入非线性分析模块计算应力，用屈服准则判断各单元的状态，对于屈服的单元进行非线性迭代计算。非线性分析模块具备线弹性徐变应力分析的全部功能，追加了非线性功能。非线性分析的基本理论为弹塑性理论，采用的屈服准则包括莫尔-库仑、德鲁克-普拉格及混凝土的三参数、五参数准则。具体使用中不同的材料需根据需要选择不同的屈服准则。一般软弱带等构造采用莫尔-库仑准则，混凝土则采用三参数或五参数准则，程序中所有的准则都增加了抗拉强度准则，并可考虑压碎破坏。

水工结构分析中遇到的缝可分为构造缝（横缝、纵缝）、裂缝及岩石的节理裂隙三类。

SAPTIS 中开发了无厚度接触单元和有厚度缝单元模拟各种缝。两种缝单元均可设置抗拉及抗剪强度，在未屈服之前处于粘接状态时，其受力与变形均为连续，当拉应力超过抗拉强度时则发生张拉破坏，剪应力超过抗剪强度时发生剪切屈服。拉坏及剪切屈服的缝单元只能传压、传剪、不能传拉，其开闭状态随受力的不同而变化，需要进行开闭迭代计算其状态。保留迭代计算缝单元的开度确定两侧面接触状态，累计开度大于 0 时缝张开，缝单元不参与计算刚度矩阵的集成，两侧可独立变形；当累计张开度小于 0 时缝闭合，两侧压紧，缝单元刚度计入总刚度矩阵的集成。当从开到闭合贯入时，要通过迭代计算消除单元贯入。压紧的单元可以传压、传剪，当剪应力大于剪切强度时只能传递残余剪应力，且只有法向刚度和未屈服方向的剪切刚度，屈服方向的剪切刚度为 0。由于缝间开合是一个几何非线性问题，剪切屈服为材料非线性问题，因此缝的迭代计算包含了几何非线性和材料非线性两个非线性过程的迭代。

SAPTIS 可以用来仿真分析二维、三维及轴对称结构的温度场、应力场及非线性问题，程序具有以下单元类型：

（1）二维：4～8 变节点四边形等参元；3～6 变节点三角形等参元；2～3 变点缝单元；2 节点杆单元；2 节点锚索单元。

杆单元和锚索单元的区别是杆单元连接相邻两个单元，而锚索单元可穿过多个单元。

（2）三维：4～8 变节点 4 面体等参元；8～20 变节点 6 面体等参元；6～15 变节点 5 面体等参元；4～8 变节点四边形缝单元；2 节点杆单元；2 节点锚索单元。

轴对称问题的单元与二维相同。SAPTIS 程序具体分析流程见图 6.9 - 1。

6.9.3 网格模型和条件

根据规范推荐方法计算得到的各闸墩抗滑稳定成果，11 号闸段安全系数较其他闸墩要小，是最危险情况。为确保计算成果的正确合理性，进一步采用有限元分析方法进行校核。

网格模型是根据实际地质条件和闸墩结构进行一定概化剖分而成，取单宽进行分析。其中基础岩体主要采用六面体网格进行剖分，另外还包含部分三棱柱体，基础内软弱夹层、断层、混凝土和基岩剪断面采用四点对的夹层单元进行模拟。上部闸基和闸结构概化为连续的实体结构，采用六面体网格进行剖分。模型共有实体单元 11010 个，夹层单元 296 个，共有节点 17139 个。

计算中，采用的强度参数见表 6.5 - 1。加载中，扬压力按照面荷载方式施加。

6.9.4 计算工况

计算分析主要针对前面分析中的最危险工况进行校核，并非对每种运行情况和可能滑动情形均进行分析，因此计算工况主要包括如下几种：

工况 1：正常蓄水位＋原设计方案＋沿 A 与 B 护坦接缝处滑出；

工况 2：正常蓄水位＋A/B 区域连接，B 区域 1m 厚＋B 区剪断；

工况 3：正常蓄水位＋A/B 区域连接，B 区域 1m 厚，护坦 A 锚筋 3ϕ36mm@2m×2m；

工况 4：正常蓄水位＋A/B 区域连接，B 区域 1m 厚，护坦 A 锚筋 3ϕ36mm@2m×2.5m；

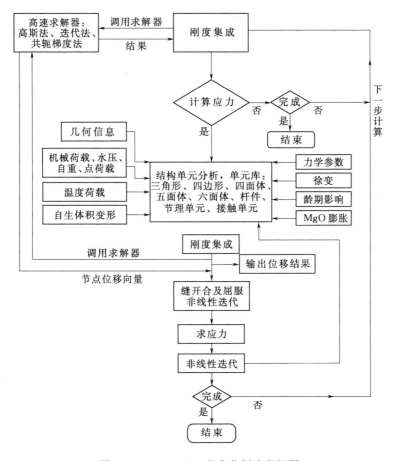

图 6.9-1 SAPTIS 程序分析流程框图

工况 5：正常蓄水位＋A/B 区域连接，B 区域 1m 厚，护坦 A 锚筋 $3\phi36mm@3m\times3m$。

6.9.5 计算成果

（1）工况 1。在分析过程中，保持正常荷载不变，通过逐渐降低岩土体强度指标的方式来推求安全系数（即岩土强度指标乘以降强系数，下同）。在岩土强度指标降低的过程中，可能滑动的弱面屈服程度不断加大，在降强系数为 0.5 时，计算很难收敛，屈服区充分发展，上部结构变形值明显增大，说明抗滑稳定承载能力达到极限，强度无法继续降低，即安全系数比 2.0 稍小，与规范推荐算法结果总体一致。图 6.9-2 为结构最大变形随降强系数变化曲线，可以看到，降强系数较大时变形基本呈线性变化，随着系数逐渐变小，变形逐渐增大，呈现明显非线性特征，以突变特性判断，抗滑安全系数在 1.7～2.0 之间（1/降强系数，下同）；以不收敛为标准，则在 2.0（即降强系数为 0.5）附近。

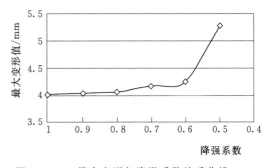

图 6.9-2 最大变形与降强系数关系曲线（一）

从结构顺河向变形情况，可以看到基础软弱夹层上下部岩体有明显不连续现象，强度越低，不连续现象越明显，软弱夹层和断层上部岩体存在向下游的滑动变形。

当取不同降强系数时，软弱夹层、断层和滑动面屈服情况，由于软件夹层和断层强度很低，一旦自重和水压施加，均全部屈服；护坦和基岩结合部位及下游护坦部位强度较高，屈服区出现较晚，在0.7倍之后才开始出现屈服。整体来看，强度越低，屈服区越大，在降强系数达到0.5倍（即抗滑安全系数为2.0）时，上下游屈服区完全贯通。

由上述结果来看，原设计方案抗滑稳定安全系数小于3.0，不满足规范要求。

（2）工况2。图6.9-3为结构最大变形随降强系数变化曲线，可以看到，与工况1结果十分近似，降强系数较大时变形基本呈线性变化，随着系数逐渐变小，变形逐渐增大，呈现明显非线性特征，以不收敛为标准，也在0.5（即抗滑安全系数为2.0）附近，与工况1基本相同。

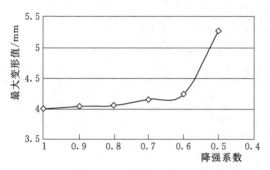

图6.9-3 最大变形与降强系数关系曲线（二）

当取不同降强系数时，软弱夹层、断层和滑动面屈服情况，明显地，强度越低，屈服区越大，在降强系数达到0.45（即抗滑安全系数为2.22）时最终完全屈服贯通，与工况1基本相同，即在A区护坦和B区护坦1m混凝土连接的情况下，对总体安全系数影响不明显，仅使得最终屈服时最大变形略有减小。

由上述结果来看，设计方案中考虑将B区护坦与A区护坦相连，基本没有改变抗滑安全系数，抗滑稳定安全系数仍小于3.0，不满足规范要求。

（3）工况3。在将A区护坦后半部分与B区护坦（1m厚）连成整体，并采用$3\phi36\text{mm}@2\text{m}\times2\text{m}$的系统锚筋桩呈梅花形布置加固后，基岩与混凝土黏结强度可考虑为凝聚力增大0.58MPa，仍按照最危险工况进行分析，即破坏发生在A区护坦与B区护坦之间，以此进行计算，验算安全度情况。

图6.9-4为加固后结构最大变形随降强系数变化曲线，明显看出，在加固之后强度能够降低到0.28倍，安全系数明显高于加固前，以变形曲线突变为判据，在3.3～3.57

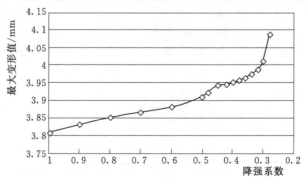

图6.9-4 最大变形与降强系数关系曲线（三）

之间，以计算不收敛为判据，安全系数为 3.57。

当取不同降强系数时，基岩和下游护坦屈服贯通情况，在 A 区护坦后半部分加固后，凝聚力增加 0.58MPa，使得该部分在降强至 0.4 倍以后才逐渐出现屈服，屈服区出现的时间明显晚于软弱夹层、断层以及后部基岩。最终上下游完全屈服贯通时，降强系数为 0.28，即安全系数为 3.57。

（4）工况 4。工况 4 与工况 3 类似，但锚固密度要小，因此 A 区护坦后半部分强度增加稍小，为 0.45MPa。图 6.9 - 5 为不同降强系数下最大变形曲线，与工况 3 相比较，降强程度稍小，在降强至 0.34~0.32 倍时，变形曲线发生突变，安全系数在 2.94~3.13 之间，以不收敛为判据，则为 3.13。

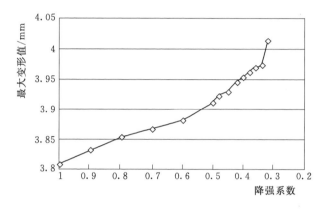

图 6.9 - 5　最大变形与降强系数关系曲线（四）

在屈服区发展时，总体变化规律与工况 3 类似，但由于加固后护坦 A 后半部分强度低于工况 3，因此安全系数偏小，最终屈服贯通时的降强系数为 0.32。

（5）工况 5。工况 5 与工况 3 和工况 4 相比较，锚固密度更小，因此护坦 A 后半部分强度增加最小，为 0.25MPa。图 6.9 - 6 为不同降强系数下最大变形曲线，可见在降强至 0.40~0.38 倍时，变形曲线发生突变，安全系数在 2.50~2.63 之间，以不收敛为判据，则为 2.63。

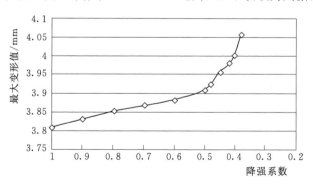

图 6.9 - 6　最大变形与降强系数关系曲线（五）

在屈服区发展时，总体变化规律与工况 3 和工况 4 类似，但由于加固后护坦 A 后半部分强度低于上述两个工况，因此安全系数偏小，最终屈服贯通时的降强系数为 0.38，即安全系数为 2.63。

6.10　结　　论

（1）通过刚体极限平衡法对各闸段的深层抗滑稳定分析，可得出如下结论：

1）在原设计方案下，17～18号闸段的深层抗滑稳定系数均在3.5以上，满足规范要求，不需要进行加固处理。

2）13～15号闸段经过对护坦A加厚至4.0m、16号闸段护坦A与闸室底板之间的填缝泡沫塑料板取消后，抗滑稳定得到提高，各工况抗滑稳定安全系数均在3.1以上，满足规范要求。

3）11～12号闸段抗滑稳定安全系数较小，需采取较复杂的加固措施。参考类似工程经验并结合本工程特点，提出加厚方案和锚筋桩方案，见表6.10-1，两种加固方案均能满足抗滑稳定要求；仅从施工难度考虑，推荐加厚方案作为11～12号闸段抗滑加固方案，但综合施工布置及施工进度影响后，锚筋桩方案可作为可行的加固方案。

4）各闸墩的加固方案具体见表6.10-1及表6.10-2。

表6.10-1　　　　　　　　　11～12号闸段加固方案汇总表

闸段	方案	具 体 措 施
11号	加厚方案	护坦A厚度4m，护坦B加厚至2m，护坦C厚度维持1m，各护坦接缝按整体进行处理
11号	锚筋桩方案	护坦A（桩号坝横0+052.5～0+067.0段）底板增加锚筋桩，护坦A、B、C之间的填缝泡沫塑料板取消（无缝宽）。锚筋桩设计参数：3根ϕ36mm的螺纹钢、间距2.5m（顺水流向）×2.0m（垂直水流向），梅花形布置，中间设4分注浆管并与3根钢筋点焊成束，锚筋长度13m，入岩深度10m，孔斜倾向上游15°/25°（与垂直面角度、隔排布置），全断面M30水泥浆灌注封孔
12号	加厚方案	护坦A厚度4m，护坦B加厚至2m，护坦C厚度维持1m，各护坦接缝按整体进行处理。
12号	锚筋桩方案	护坦A（桩号坝横0+057.5～0+067.0段）底板增加锚筋桩，护坦A、B、C之间的填缝泡沫塑料板取消（无缝宽）。锚筋桩设计参数：3根ϕ36mm@3×3m，梅花形布置，中间设4分注浆管并与3根钢筋点焊成束，锚筋长度13m，入岩深度10m，孔斜倾向上游15°/25°（与垂直面角度、隔排布置），全断面M30水泥浆灌注封孔

表6.10-2　　　　　　　　　14～18号闸段加固方案汇总表

闸段	具 体 措 施
13～15号	护坦A底板厚度增加至4.0m，并将闸室底板与护坦A连成整体
16号	护坦A与闸室底板之间的填缝泡沫塑料板取消
17～18号	不需加固处理

（2）通过非线性有限元法对11号闸段进行的降强分析研究表明：

1）原加固措施下，A区与B区护坦未连成整体，安全系数在2.0左右，与结构力学方法计算结果基本一致，小于规范规定值，不满足要求。

2）在原加固措施基础上，将A区与B区护坦连成整体，安全系数在2.2左右，与原加固措施结果基本一致，未有明显改善，小于规范规定值，不满足要求。

3）将A区与B区护坦连成整体，并将A区护坦后半部分进行锚固，锚固分三种，包括：3φ36mm@2m×2m、3φ36mm@2m×2.5m、3φ36mm@3m×3m，三种安全系数分别为3.57倍、3.13倍和2.63倍，与结构力学方法计算结果有一定差异，但总体分布规律相同，即第一种加固措施和第二种加固措施安全度满足要求，不小于规范规定的允许值3.0，而第三种加固措施安全度小于规范规定的允许值，不满足要求。

第7章 同赣隔堤三维渗流控制研究

7.1 工 程 地 质 问 题

同赣隔堤的堤身堤基工程地质及水文地质资料是渗控设计与渗控分析研究的基础。沿同赣隔堤轴线的纵剖面地质条件见图 7.1-1～图 7.1-3。根据所描述的地质条件，宏观上可以概述如下：

（1）桩号 $0+000\sim0+980$ 堤段，基岩为泥质粉砂岩 $E_{1-2}xn$，其基岩顶面高程 34.81m 渐变至 29.34m。堤基覆盖层主要为第四系中更新统（alQ_2）黏土、壤土、砂壤土、砾砂、圆砾等互层、第四系全新统（alQ_4）黏土、壤土、砂壤土、淤泥质黏土、细砂、中砂、粗砂、砾砂、圆砾等互层和人工填土 3 大地层。

（2）桩号 $0+980\sim1+300$ 堤段，是同赣隔堤基础最为复杂的堤基段。从地质图剖面看，在覆盖层最深部位尚未揭露到基岩，深部相对弱透水覆盖层位于 $-23.46\sim-43.60m$ 高程范围，其下部仍存在相对强透水砂砾覆盖层。在高程 $-23.46m$ 以上，则属于强弱透水互层。其中，强透水体达 70% 左右。

（3）桩号 $1+300\sim3+220$ 堤段，基岩主要属于灰岩（P_1q），顶面高程由 16.50m 渐变至 19.50m，再逐渐降低至 5.57m 高程。灰岩溶洞非常发育，并被砂卵砾石黏性土段砾质土充填。此堤段覆盖层亦为 alQ_2、alQ_4 的强弱透水互层，宏观上看，强透水体部分占 70%～80%。

（4）桩号 $3+220\sim3+700$ 堤段，基岩为 C_1z 基岩顶面高程主要由 25.80m 渐变至 21.82m，再逐渐上升至 36.87m。其上部覆盖层主要包括 alQ_2、alQ_4 的强弱透水互层及人工填土 3 大地层。宏观上看，强透水部分位于下部，约占该段覆盖层厚度的 30%～50%。

7.2 水文地质特性及渗流控制设计布置

峡江水库库区同江片为低山丘陵地貌，库周地下水分水岭高于水库正常蓄水位，在防渗工程到位之后一般不产生永久性渗透问题。在峡江枢纽工程投入正常运行的条件下，地下水环境因上游库水位的抬高将可能产生以下改变：

①库区低洼处设置堤防工程后，防护区内存在大范围的内涝及浸没影响，常采用排涝方式，如本工程的同江防护区便采用电排站形式抽排；在长时间高水位运行状态的渗流作用下，尤其是多雨季节地表入渗共同作用时，堤防渗漏与渗透稳定性及圩堤内侧渗流荷载对电排站作用的影响，务必引起重视；②拟建防护堤基本位于一级阶地前缘或高漫滩，局

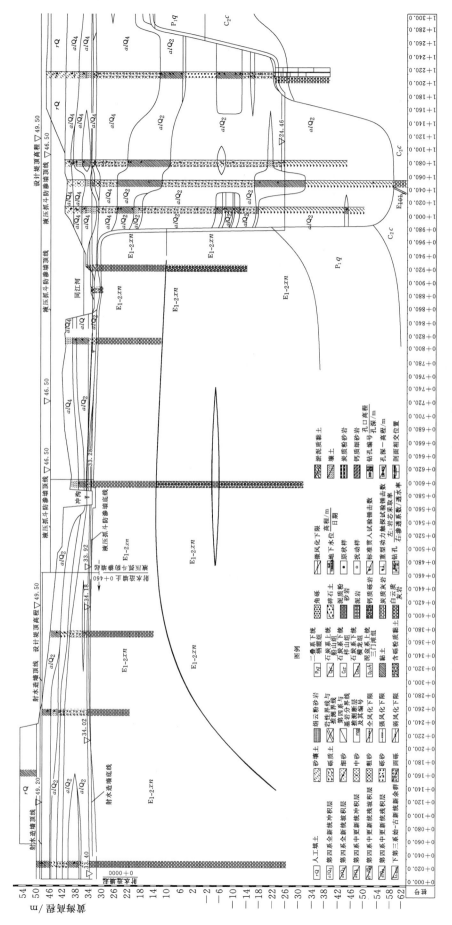

图 7.1-1　同赣隔堤堤身堤基水文地质及渗控设计初拟布置（0+000～1+300）

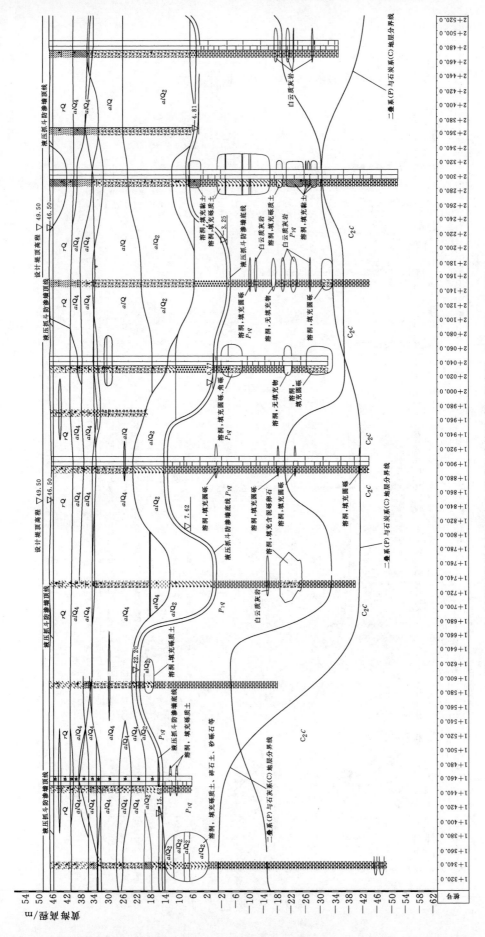

图 7.1-2 同赣隔堤堤身堤基水文地质及渗控设计初拟布置 (1+320~2+520)

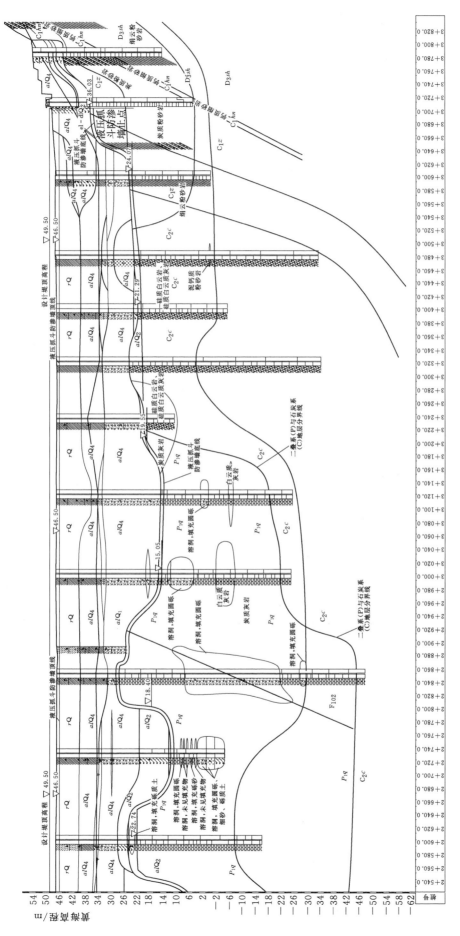

图 7.1-3 同赣隔堤堤身堤基水文地质及渗控设计初拟布置 (2+540~3+820)

部地段堤基上部黏土层缺失，圩堤直接坐落在砂壤土和细砂层上，易产生堤基渗透或渗透变形等问题；③堤基中强透水层砂砾卵石层（alQ_4），达 20～30m 深不等（桩号 0＋500～3＋500 前后），全长近 3km，底部中弱透水层砾类土（alQ_3）埋深大。

7.2.1　同江右堤与同赣隔堤上段防护片

该地段位于同江河下游右岸一级阶地上，地面高程一般为 40.30～45.70m。地层为第四系全新统冲积层，具二元结构，上部为黏土和壤土，厚度为 1.0～5.6m，下部为细砂、中砂、砾砂及砾卵石层，厚度为 1.2～7.4m。地下水埋深一般为 1.9～2.7m，高程为 33.86～48.19m。

防护片地面高程均低于水库正常蓄水位 46.00m 高程，设置堤防后将造成地下水壅高。该防护片农田以种植水稻为主，冬季种植有少量油菜，高地分布有村庄。建议农田区允许地下水埋深为 0.6m，即水库蓄水之后地下水埋深应低于 0.6m。

7.2.2　同江左堤与同赣隔堤下段防护片

该地段位于同江河下游左岸一级阶地上，地面高程一般为 39.20～45.70m。地层为第四系全新统冲积层，具二元结构，上部为黏土和壤土，厚度为 2.2～6.7m，下部为细砂、中砂、砾砂及砾卵石层，厚度为 1.9～14.6m。地下水埋深一般为 2.3～3.8m，高程为 34.44～43.04m。

防护片地面高程均低于水库正常蓄水位 46.00m 高程，设置堤防后将造成地下水壅高。该防护片农田以种植水稻为主，冬季种植有少量油菜，高地分布有村庄。建议农田区允许地下水埋深为 0.6m，即水库蓄水之后地下水埋深应低于 0.6m。

7.3　同赣隔堤三维渗流模型、介质参数及边界条件

7.3.1　同赣隔堤三维渗流模型

建模中以同赣隔堤纵横地质剖面为基础，充分详细模拟地质图的地层和基岩。所模拟的地层和构造包括：①堤基覆盖层主要为第四系中更新统冲积层黏土、壤土、砂壤土、砾砂、圆砾等互层（alQ_2）、第四系全新统冲积层黏土、壤土、砂壤土、淤泥质黏土、细砂、中砂、粗砂、砾砂、圆砾等互层（alQ_4）和人工填土三大地层；②新断面回填黏土；③不同堤段中的三类基岩；④混凝土防渗墙；⑤防渗帷幕。建模采用独立开发的半自动剖分软件，即人工控制形成地层及基岩地质构造、水工结构体及防渗体。首先构成用于有限元模型生成的众多控制剖面模型，然后应用自主开发的专用软件进行三维有限元模型剖分和生成，最终用于三维计算分析的网格模型。

对于同赣隔堤的三维渗流控制研究，建立的模型见图 7.3－1。计算模拟的区域范围：南北向约为 3500m，东西向约为 900m，共剖分单元 51773 个，网格节点总数为 52702 个。

7.3.2　同赣隔堤三维渗流计算介质参数

对于模拟中采用的介质参数，详见表 7.3－1。

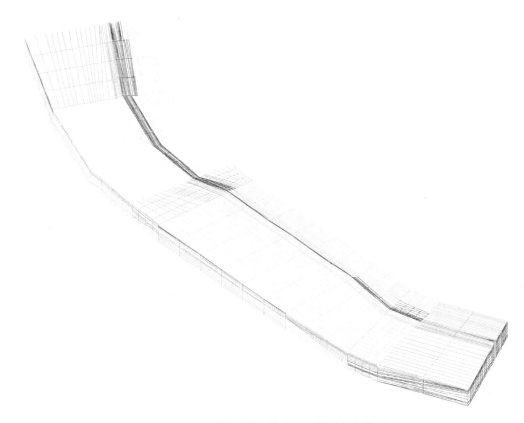

图 7.3-1 同赣隔堤三维渗流有限元网格模型

7.3.3 同赣隔堤三维渗流计算边界条件

在同赣隔堤三维渗流控制模拟计算分析中，计算分析边界条件主要有以下几类：①已知水头边界；②不透水边界；③可能出渗边界；④自由面边界。

为了便于论述说明，以图 7.3-2 分段表述。

（1）边界 AB 段：上游水下地表边界，按已知水头边界模拟。对于同赣隔堤，分别按最高水位 49.30m、设计洪水位 46.00m 模拟。

（2）边界 BC 段：同赣隔堤三维渗流控制模拟中，计算边界达距离堤脚 200m，该切取边界上按河水位模拟。

（3）边界 CD 段：按不透水边界模拟。

（4）边界 DE 段：对应于同江防护区内切取边界，按防护区控制水位考虑（40.00m 高程），拟按已知水头边界模拟。

（5）边界 E-F-G-H 段：按可能出渗边界模拟，真实出渗范围由迭代计算确定。

（6）边界 H-I-A 段：属于自由面，同样属于未知边界，根据自由面边界的属性依迭代计算确定。

表 7.3－1　　同江防护区同赣隔堤地基土层物理力学指标及渗透系数建议值表

地层代号	岩土类别	自然状态 含水率 W/%	自然状态 湿密度 ρ/(g·cm⁻³)	自然状态 干密度 ρ_d/(g·cm⁻³)	自然状态 孔隙比 e	自然状态 比重 G_s	塑性指数 I_p	液性指数 I_L	压缩性 压缩系数 a_{1-2}/MPa⁻¹	压缩性 压缩模量 E_s/MPa	抗剪强度 凝聚力 c/kPa	抗剪强度 摩擦角 φ/(°)	允许水力坡降 J	承载力标准值 f_k/kPa	渗透系数 K/(cm·s⁻¹)	临时开挖边坡 $h<10$m	永久开挖边坡 $h<10$m	基础与地基间摩擦系数 f
rQ	黏土	26.3	1.9	1.5	0.808	2.72	17.1	0.13	0.221	8.181	36	16	0.35		3.5×10^{-7}	1:1.25	1:1.5	0.28
rQ	壤土	21.2	1.95	1.61	0.672	2.69	14	0	0.19	8.8	30	18	0.30		7.0×10^{-6}	1:1.5	1:1.75	0.30
rQ	砂壤土	19.6	1.90	1.59	0.686	2.68	9.8	0.47	0.223	7.56	10	20	0.20		2.5×10^{-4}	1:1.75	1:2	0.35
	黏土	26.7	1.93	1.52	0.789	2.72	15.2	0.39	0.339	5.277	20	14	0.40	180	3.0×10^{-5}	1:1.25	1:1.5	0.28
	壤土	24.8	1.98	1.59	0.692	2.69	12.1	0.54	0.286	5.916	12	15	0.35	160	3.5×10^{-5}	1:1.5	1:1.75	0.30
	淤泥质黏土	36.3	1.84	1.35	0.985	2.68	13.2	0.92	0.607	3.272	7	7	0.20	90	8.0×10^{-6}	1:2	1:2.25	0.20
	砂壤土	18.6	1.9	1.60	0.675	2.68	8.8	0.51	0.18	9.305	10	24	0.20	120	2.0×10^{-4}	1:1.75	1:2	0.35
alQ_4	细砂											20	0.12	140	1.0×10^{-3}	1:2.25	1:2.5	0.38
alQ_4	中砂											24	0.15	160	1.0×10^{-2}	1:2	1:2.25	0.40
alQ_4	粗砂											28	0.20	180	5.0×10^{-2}	1:2	1:2.25	0.42
alQ_4	砾砂											32	0.25	240	1.0×10^{-1}	1:1.75	1:2	0.45
alQ_4	圆砾											35	0.30	280	5.0×10^{-1}	1:2	1:2.25	0.50
$alQ_{3(2)}$	砾质土	17.9	2.04	1.73	0.543	2.67	15.9	0	0.2	7.7	35	25	0.42	240	1.0×10^{-4}	1:0.5	1:1	0.42
$alQ_{3(2)}$	黏土	23.3	1.93	1.57	0.731	2.71	16.7	0.13	0.224	7.774	30	20	0.40	180	6.0×10^{-6}	1:0.75	1:1.25	0.28
$alQ_{3(2)}$	壤土	22.6	1.94	1.58	0.709	2.70	21.8	0.165	0.288	5.934	40	18	0.42	220	2.0×10^{-5}	1:0.75	1:1.25	0.35
alQ_2	砂壤土	17.5	2.09	1.78	0.501	2.67	8.4	0.4	0.17	8.8	10	24	0.20	140	2.0×10^{-4}	1:1.75	1:2	0.35
alQ_2	砾砂											32	0.25	240	1.0×10^{-1}	1:1.75	1:2.25	0.45
alQ_2	圆砾											40	0.30	300	5.0×10^{-1}	1:1.5	1:2	0.50
E	泥质粉砂岩													320	5.0×10^{-5}	1:0.75	1:1	0.50
P、C	灰岩、砂岩													800	5.0×10^{-5}	1:0.2	1:0.35	1.2

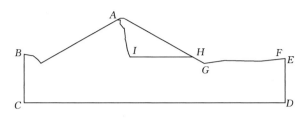

图 7.3 - 2 渗流控制边界条件示意图

7.4 同赣隔堤三维渗流计算分析组合及成果分析

7.4.1 同赣隔堤三维渗流控制计算分析组合

为了开展同赣隔堤的三维渗流控制计算，以寻求相对合理可行的渗控布置方案，先拟定了计算分析组合，见表 7.4 - 1。

表 7.4 - 1 同赣隔堤三维渗流计算分析组合表

组合编号	边界水位	防渗墙深度	防渗帷幕深度	备注
1	赣江水位 49.30m，同江防护区地下水位 40.00m	设计初拟深度，深槽—28.00m	设计初拟深度	√
2	赣江水位 46.00m，同江防护区地下水位 40.00m	设计初拟深度，深槽—28.00m	设计初拟深度	√
3	赣江水位 49.30m，同江防护区地下水位 40.00m	墙底抬高 5m，深槽—23.00m	设计初拟深度	√
4	赣江水位 49.30m，同江防护区地下水位 40.00m	墙底抬高 8m，深槽—20.00m	设计初拟深度	√

7.4.2 同赣隔堤三维渗流控制计算分析成果及分析

通过对同赣隔堤三维渗流控制的计算分析，主要可以获得三维渗流场分布、渗流梯度分布、堤段的渗流量等要素，现分别论述如下。

为了表达直观，对于三维渗流场的描述，将通过切取典型剖面渗流场表达。有关典型剖面的位置见图 7.4 - 1。典型剖面位置桩号见表 7.4 - 2。

表 7.4 - 2 同赣隔堤三维渗流典型剖面位置桩号

剖面编号	P01	P02	P03	P04	P05	P06	P07	P08	P09
桩号	0+934	1+124	1+510	1+981	2+407	2+561	2+972	3+281	3+468

1. 同赣隔堤三维渗流控制组合 1 计算分析成果及分析

（1）同赣隔堤三维渗流控制组合 1 渗流场。在对同赣隔堤进行三维渗流控制分析研究中，分别进行了赣江水位 49.30m、同江防护区地下水控制水位 40.00m 组合及赣江水位 46.00m、同江防护区地下水控制水位 40.00m 组合的计算分析。着重计算论述赣江水位 49.30m、同江防护区地下水控制水位 40.00m 组合的计算分析成果。在该组合水位条件下，经三维有限元渗流控制计算分析模拟，获得三维渗流场。为了表述清楚直观，这里选取 9 个典型剖面渗流场，见图 7.4 - 2～图 7.4 - 10。根据图 7.4 - 2～图 7.4 - 10 中的 9 个

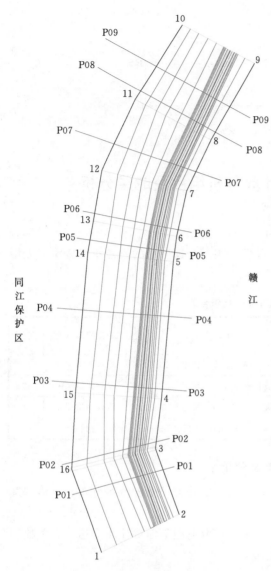

图 7.4-1　同赣隔堤三维渗流典型剖面位置图

典型剖面渗流场描述，同赣隔堤的堤身堤基水头势均得到较好控制。堤身上游新填黏土，将起着防渗墙的作用。其中的渗流水头势基本接近于赣江水位，水头势介于 48.00~49.00m。但是，其下右侧壤土及砂壤土中的渗透压力迅速降低。同赣隔堤以内的同江防护区区域，在抽排控制水位 40.00m 时，防护区广大区域地下水位均能控制在 40.00~40.50m 以下。此时，垂直防渗体发挥出显著效果。在垂直防渗体下游侧，以 1+080 附近的堤段内侧基础透水性大，地下水最易抽排，相应的渗透压力小些。

此外，在同赣隔堤内坡脚附近，尤其是存在塘、池的低洼堤段部位，将发生渗流出露区域，有可能成为隐患所在。

该组合条件下，经对堤基渗流量的计算分析，总渗流量约为 5727m³/d。

（2）同赣隔堤三维渗流控制组合 1 渗流梯度分布。对于同赣隔堤渗流控制研究来说，堤基土体的渗流梯度是评价渗流控制的重要指标。为此，在三维渗流控制研究基础上专门进行了渗流梯度计算分析，各典型剖面的渗流梯度分布见表 7.4-3~表 7.4-11。各典型剖面的渗流梯度分布表明：

1）防渗墙的渗流梯度总体在 12~16，满足抗渗稳定性要求。

2）防渗帷幕的渗流梯度总体平均小于 6，局部最大达到 9~13，主要出现在与防渗墙连接部位，该部位局部加宽是必要的。

3）新填覆盖黏土的渗流梯度局部达到 6~7，主要出现在防渗墙顶部附近区域，在对

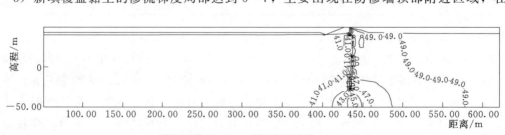

（赣江水位 49.30m、同江地下水位 40.00m）

图 7.4-2　组合 1 剖面 P01 渗流场

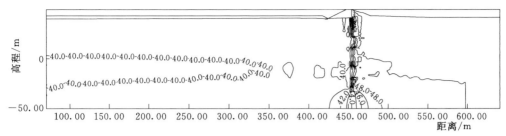

（赣江水位 49.30m、同江地下水位 40.00m）

图 7.4-3 组合 1 剖面 P02 渗流场

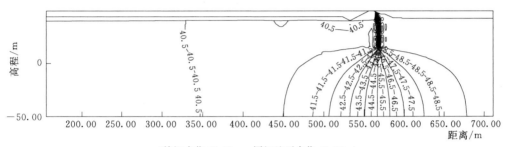

（赣江水位 49.30m、同江地下水位 40.00m）

图 7.4-4 组合 1 剖面 P03 渗流场

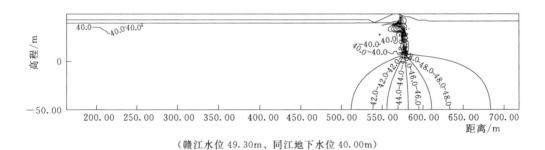

（赣江水位 49.30m、同江地下水位 40.00m）

图 7.4-5 组合 1 剖面 P04 渗流场

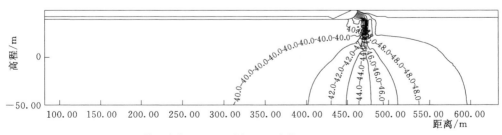

（赣江水位 49.30m、同江地下水位 40.00m）

图 7.4-6 组合 1 剖面 P05 渗流场

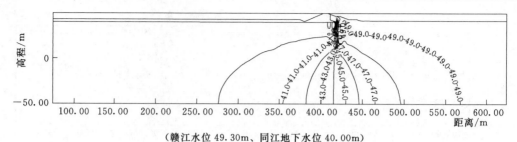

（赣江水位 49.30m、同江地下水位 40.00m）

图 7.4－7 组合 1 剖面 P06 渗流场

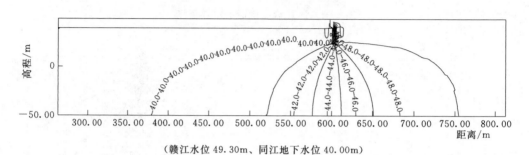

（赣江水位 49.30m、同江地下水位 40.00m）

图 7.4－8 组合 1 剖面 P07 渗流场

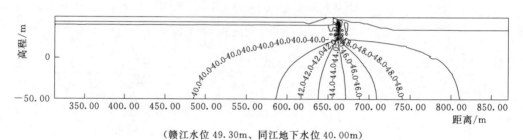

（赣江水位 49.30m、同江地下水位 40.00m）

图 7.4－9 组合 1 剖面 P08 渗流场

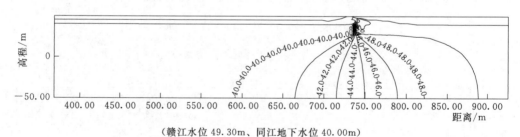

（赣江水位 49.30m、同江地下水位 40.00m）

图 7.4－10 组合 1 剖面 P09 渗流场

防渗墙顶部构造作适当断面扩大，以增大与新填黏土的接触面积，延长渗径，则抗渗稳定性也不难满足。新填黏土的平均渗流梯度为 3～4。依一般黏土的抗渗性类比，也能够满足渗透稳定控制。

4）浅部覆盖层的渗流梯度分布显示，无黏土及砂壤土体的渗流梯度值普遍小于 0.05，砾质土的渗流梯度多小于 0.15，局部最大值 1.8～2.8。

表 7.4 - 3 组合 1 P01 典型剖面渗流梯度分布

材料名称	编号	局部最大梯度	统计平均梯度
rQ（堤身）黏土	1	2.727	0.086
alQ_4黏土	4	0.327	0.032
alQ_4细砂	8	0.457	0.028
alQ_2黏土	14	1.681	0.099
alQ_2圆砾	18	0.006	0.002
E 泥质粉砂岩	19	1.076	0.056
防渗墙	24	12.631	12.472
新填堤身黏土覆盖	28	7.661	0.538

表 7.4 - 4 组合 1 P02 典型剖面渗流梯度分布

材料名称	编号	局部最大梯度	统计平均梯度
rQ（堤身）砂壤土	3	0.204	0.001
alQ_4壤土	5	0.399	0.030
alQ_4粗砂	10	0.023	0.003
alQ_4圆砾	12	0.015	0.003
$alQ_{3(2)}$砾质土	13	1.739	0.113
alQ_2黏土	14	0.260	0.067
alQ_2圆砾	18	0.015	0.003
新填堤身黏土覆盖	28	4.527	0.300
防渗墙	31	16.778	15.840
alQ_2砾砂	33	0.004	0.002

表 7.4 - 5 组合 1 P03 典型剖面渗流梯度分布

材料名称	编号	局部最大梯度	统计平均梯度
rQ（堤身）砂壤土	3	0.060	0.005
alQ_4黏土	4	0.124	0.024
alQ_4淤泥质黏土	6	0.278	0.095
alQ_4砂壤土	7	0.102	0.016
alQ_4细砂	8	0.043	0.006
alQ_4中砂	9	0.006	0.003
alQ_4圆砾	12	0.007	0.002
$alQ_{3(2)}$砾质土	13	1.865	0.151
P 灰岩、砂岩	20	0.865	0.091
防渗墙	24	16.522	15.949
防渗帷幕	26	9.686	2.159
新填堤身黏土覆盖	28	6.157	0.486

表 7.4－6　　　　　　　　　　组合 1 P04 典型剖面渗流梯度分布

材料名称	编号	局部最大梯度	统计平均梯度
rQ（堤身）砂壤土	3	0.975	0.036
alQ_4黏土	4	0.441	0.045
alQ_4淤泥质黏土	6	1.466	0.291
alQ_4砂壤土	7	2.639	0.133
alQ_4细砂	8	0.315	0.014
alQ_4中砂	9	0.001	0.001
alQ_4圆砾	12	0.001	0.000
$alQ_{3(2)}$砾质土	13	2.899	0.174
P 灰岩、砂岩	20	1.543	0.093
防渗墙	24	15.852	15.146
防渗帷幕	26	13.311	3.295
新填堤身黏土覆盖	28	1.764	0.294

表 7.4－7　　　　　　　　　　组合 1 P05 典型剖面渗流梯度分布

材料名称	编号	局部最大梯度	统计平均梯度
rQ（堤身）黏土	1	0.040	0.009
alQ_4黏土	4	8.253	0.078
alQ_4壤土	5	0.130	0.047
alQ_4中砂	9	0.003	0.002
alQ_4圆砾	12	0.003	0.002
$alQ_{3(2)}$砾质土	13	0.753	0.081
P 灰岩、砂岩	20	0.187	0.061
C_1z 灰岩、砂岩	21	0.101	0.046
防渗墙	23	13.413	12.059
防渗帷幕	26	2.158	0.618
新填堤身黏土覆盖	28	6.654	0.424

表 7.4－8　　　　　　　　　　组合 1 P06 典型剖面渗流梯度分布

材料名称	编号	局部最大梯度	统计平均梯度
rQ（堤身）壤土	2	0.067	0.015
alQ_4黏土	4	0.149	0.013
alQ_4壤土	5	0.082	0.016
alQ_4中砂	9	0.001	0.001
alQ_4圆砾	12	0.002	0.001
$alQ_{3(2)}$砾质土	13	0.335	0.057

材料名称	编号	局部最大梯度	统计平均梯度
P 灰岩、砂岩	20	1.278	0.125
C_1z 灰岩、砂岩	21	0.452	0.055
防渗墙	24	16.203	13.824
新填堤身黏土覆盖	28	1.624	0.297

表 7.4－9   组合 1 P07 典型剖面渗流梯度分布

材料名称	编号	局部最大梯度	统计平均梯度
rQ（堤身）壤土	2	0.098	0.015
alQ_4 黏土	4	0.126	0.014
alQ_4 壤土	5	0.001	0.000
alQ_4 中砂	9	0.001	0.001
alQ_4 圆砾	12	0.001	0.000
C_1z 灰岩、砂岩	21	1.634	0.079
防渗墙	24	13.475	13.225
新填堤身黏土覆盖	28	7.164	0.364

表 7.4－10   组合 1 P08 典型剖面渗流梯度分布

材料名称	编号	局部最大梯度	统计平均梯度
rQ（堤身）黏土	1	0.000	0.000
alQ_4 黏土	4	7.141	0.116
alQ_4 圆砾	12	0.003	0.001
C_1z 灰岩、砂岩	21	2.587	0.091
防渗墙	24	16.925	16.103
新填堤身黏土覆盖	28	3.356	0.293

表 7.4－11   组合 1 P09 典型剖面渗流梯度分布

材料名称	编号	局部最大梯度	统计平均梯度
rQ（堤身）黏土	1	0.000	0.000
alQ_4 黏土	4	2.884	0.078
alQ_4 圆砾	12	0.002	0.001
C_1z 灰岩、砂岩	21	3.235	0.100
防渗墙	24	15.267	15.151
新填堤身黏土覆盖	28	1.620	0.377

2. 同赣隔堤三维渗流组合 2 控制计算分析成果及分析

（1）同赣隔堤三维渗流控制组合 02 渗流场。着重论述赣江水位 46.00m、同江防护区地下水控制水位 40.00m 组合的计算分析成果。在该组合水位条件下，所选取的 9 个典型剖面渗流场见图 7.4-11～图 7.4-19。从图中渗流场分布可以看出，在同江防护区抽排控制地下水位为 40.00m 的条件下，堤身新填黏土中的渗流水头势基本接近于赣江水位，水头势多为 44.00～46.00m，但新填黏土下右侧的壤土及砂壤土堤身部分，水头势均在 42.00～43.00m。此时，堤基渗流水头势仅垂直防渗体上游侧较高与赣江水位相当，垂直防渗体在覆盖层中消杀上下游水头差 90％左右，显示出明显的效果。垂直防渗体下游侧

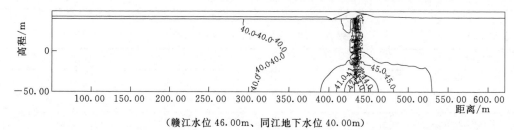

（赣江水位 46.00m、同江地下水位 40.00m）

图 7.4-11　组合 2 剖面 P01 渗流场

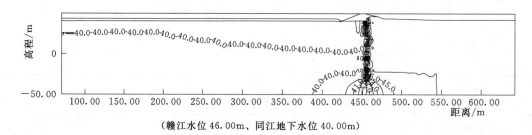

（赣江水位 46.00m、同江地下水位 40.00m）

图 7.4-12　组合 2 剖面 P02 渗流场

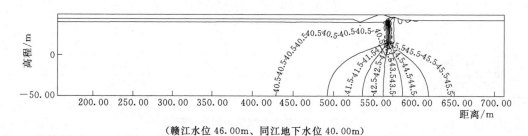

（赣江水位 46.00m、同江地下水位 40.00m）

图 7.4-13　组合 2 剖面 P03 渗流场

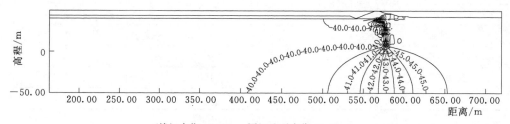

（赣江水位 46.00m、同江地下水位 40.00m）

图 7.4-14　组合 2 剖面 P04 渗流场

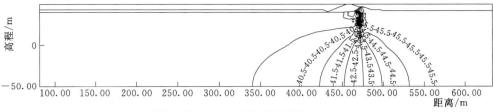

（赣江水位 46.00m、同江地下水位 40.00m）

图 7.4-15 组合 2 剖面 P05 渗流场

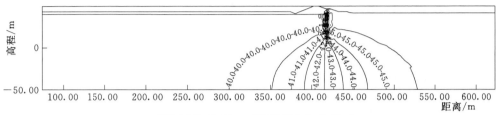

（赣江水位 46.00m、同江地下水位 40.00m）

图 7.4-16 组合 2 剖面 P06 渗流场

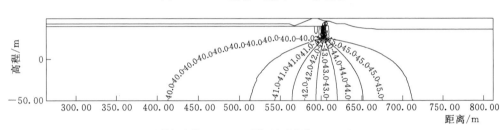

（赣江水位 46.00m、同江地下水位 40.00m）

图 7.4-17 组合 2 剖面 P07 渗流场

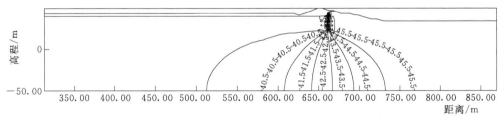

（赣江水位 46.00m、同江地下水位 40.00m）

图 7.4-18 组合 2 剖面 P08 渗流场

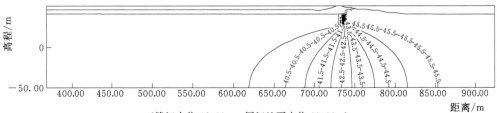

（赣江水位 46.00m、同江地下水位 40.00m）

图 7.4-19 组合 2 剖面 P09 渗流场

的地下水位分布，同样以 1+080 附近的堤段内侧基础透水性大，地下水最易抽排，相应的渗透压力小些。在同赣隔堤内坡脚附近，仍存在塘、池的低洼堤段部位的渗流出露区域，有可能成为隐患所在。

组合 2 条件下，经对堤基渗流量的计算分析，总渗流量约为 $3771m^3/d$，相对于最高洪水位状态，减少约 50%。

（2）同赣隔堤三维渗流控制组合 2 渗流梯度分布。在组合 2 条件下，同样进行了渗流梯度计算分析，各典型剖面的渗流梯度分布见表 7.4-12~表 7.4-20。各典型剖面的渗流梯度分布表明：

1）防渗墙的渗流梯度总体在 12~16，满足抗渗稳定性要求。

2）防渗帷幕的渗流梯度总体平均小于 6，局部最大达到 9~13，主要出现在与防渗墙连接部位，该部位局部加宽是必要的。

3）新填覆盖黏土的渗流梯度局部达到 6~7，主要出现在防渗墙顶部附近区域，在对防渗墙顶部构造作适当断面扩大，以增大与新填黏土的接触面积延长渗径，则抗渗稳定性也不难满足。新填黏土的平均渗流梯度约 3~4。依一般黏土的抗渗性类比，也能够满足渗透稳定控制。

4）浅部覆盖层的渗流梯度分布显示，无黏土及砂壤土体的渗流梯度值普遍小于0.05，砾质土的渗流梯度多小于 0.15，局部最大值为 1.8~2.8。

表 7.4-12　　　　　　组合 1、组合 2 典型剖面 P01 渗流梯度分布比较

材料名称	编号	组合 1 局部最大梯度	组合 1 统计平均梯度	组合 2 局部最大梯度	组合 2 统计平均梯度
rQ（堤身）黏土	1	2.727	0.086	0.216	0.025
alQ_4 黏土	4	0.327	0.032	0.201	0.021
alQ_4 细砂	8	0.457	0.028	0.336	0.019
alQ_2 黏土	14	1.681	0.099	1.098	0.065
alQ_2 圆砾	18	0.006	0.002	0.003	0.001
E 泥质粉砂岩	19	1.076	0.056	0.703	0.037
防渗墙	24	12.631	12.472	8.261	8.150
新填堤身黏土覆盖	28	7.661	0.538	5.039	0.281

表 7.4-13　　　　　　组合 1、组合 2 典型剖面 P02 渗流梯度分布比较

材料名称	编号	组合 1 局部最大梯度	组合 1 统计平均梯度	组合 2 局部最大梯度	组合 2 统计平均梯度
rQ（堤身）砂壤土	3	0.204	0.001	0.006	0.000
alQ_4 壤土	5	0.399	0.030	0.257	0.020
alQ_4 粗砂	10	0.023	0.003	0.015	0.002
alQ_4 圆砾	12	0.015	0.003	0.010	0.002
$alQ_{3(2)}$ 砾质土	13	1.739	0.113	1.152	0.075
alQ_2 黏土	14	0.260	0.067	0.189	0.043

续表

材料名称	编号	组合 1 局部最大梯度	组合 1 统计平均梯度	组合 2 局部最大梯度	组合 2 统计平均梯度
alQ_2 圆砾	18	0.015	0.003	0.010	0.002
新填堤身黏土覆盖	28	4.527	0.300	2.673	0.095
防渗墙	31	16.778	15.840	11.007	10.395
alQ_2 砾砂	33	0.004	0.002	0.002	0.001

表 7.4－14　　　　**组合 1、组合 2 典型剖面 P03 渗流梯度分布比较**

材料名称	编号	组合 1 局部最大梯度	组合 1 统计平均梯度	组合 2 局部最大梯度	组合 2 统计平均梯度
rQ（堤身）砂壤土	3	0.060	0.005	0.035	0.003
alQ_4 黏土	4	0.124	0.024	0.074	0.015
alQ_4 淤泥质黏土	6	0.278	0.095	0.162	0.055
alQ_4 砂壤土	7	0.102	0.016	0.060	0.009
alQ_4 细砂	8	0.043	0.006	0.024	0.004
alQ_4 中砂	9	0.006	0.003	0.004	0.002
alQ_4 圆砾	12	0.007	0.002	0.004	0.002
$alQ_{3(2)}$ 砾质土	13	1.865	0.151	1.212	0.098
P 灰岩、砂岩	20	0.865	0.091	0.563	0.059
防渗墙	24	16.522	15.949	10.719	9.244
防渗帷幕	26	9.686	2.159	6.293	1.402
新填堤身黏土覆盖	28	6.157	0.486	3.992	0.240

表 7.4－15　　　　**组合 1、组合 2 典型剖面 P04 渗流梯度分布比较**

材料名称	编号	组合 1 局部最大梯度	组合 1 统计平均梯度	组合 2 局部最大梯度	组合 2 统计平均梯度
rQ（堤身）砂壤土	3	0.975	0.036	0.631	0.023
alQ_4 黏土	4	0.441	0.045	0.289	0.031
alQ_4 淤泥质黏土	6	1.466	0.291	0.967	0.197
alQ_4 砂壤土	7	2.639	0.133	1.702	0.086
alQ_4 细砂	8	0.315	0.014	0.204	0.009
alQ_4 中砂	9	0.001	0.001	0.001	0.000
alQ_4 圆砾	12	0.001	0.000	0.001	0.000
$alQ_{3(2)}$ 砾质土	13	2.899	0.174	1.887	0.114
P 灰岩、砂岩	20	1.543	0.093	1.004	0.061
防渗墙	24	15.852	15.146	10.275	9.830
防渗帷幕	26	13.311	3.295	8.665	2.144
新填堤身黏土覆盖	28	1.764	0.294	1.142	0.178

141

表 7.4－16　　　　　　　组合 1、组合 2 典型剖面 P05 渗流梯度分布比较

材料名称	编号	组合 1 局部最大梯度	组合 1 统计平均梯度	组合 2 局部最大梯度	组合 2 统计平均梯度
rQ（堤身）黏土	1	0.040	0.009	0.036	0.009
alQ_4黏土	4	8.253	0.078	5.326	0.051
alQ_4壤土	5	0.130	0.047	0.085	0.031
alQ_4中砂	9	0.003	0.002	0.002	0.002
alQ_4圆砾	12	0.003	0.002	0.002	0.001
$alQ_{3(2)}$砾质土	13	0.753	0.081	0.486	0.053
P 灰岩、砂岩	20	0.187	0.061	0.121	0.039
C_1z 灰岩、砂岩	21	0.101	0.046	0.065	0.030
防渗墙	23	13.413	12.059	8.703	7.833
防渗帷幕	26	2.158	0.618	1.395	0.400
新填堤身黏土覆盖	28	6.654	0.424	4.336	0.193

表 7.4－17　　　　　　　组合 1、组合 2 典型剖面 P06 渗流梯度分布比较

材料名称	编号	组合 1 局部最大梯度	组合 1 统计平均梯度	组合 2 局部最大梯度	组合 2 统计平均梯度
rQ（堤身）壤土	2	0.067	0.060	0.060	0.013
alQ_4 黏土	4	0.149	0.013	0.095	0.009
alQ_4 壤土	5	0.082	0.016	0.050	0.010
alQ_4 中砂	9	0.001	0.001	0.001	0.001
alQ_4 圆砾	12	0.002	0.001	0.002	0.001
$alQ_{3(2)}$ 砾质土	13	0.335	0.057	0.217	0.037
P 灰岩、砂岩	20	1.278	0.125	0.828	0.081
C_1z 灰岩、砂岩	21	0.452	0.055	0.293	0.036
防渗墙	24	16.203	13.824	10.513	8.961
新填堤身黏土覆盖	28	1.624	0.297	0.995	0.100

表 7.4－18　　　　　　　组合 1、组合 2 典型剖面 P07 渗流梯度分布比较

材料名称	编号	组合 1 局部最大梯度	组合 1 统计平均梯度	组合 2 局部最大梯度	组合 2 统计平均梯度
rQ（堤身）壤土	2	0.098	0.015	0.085	0.013
alQ_4黏土	4	0.126	0.014	0.082	0.010
alQ_4壤土	5	0.001	0.000	0.001	0.000
alQ_4中砂	9	0.001	0.001	0.006	0.001
alQ_4圆砾	12	0.001	0.000	0.001	0.000
C_1z 灰岩、砂岩	21	1.634	0.079	1.055	0.051
防渗墙	24	13.475	13.225	8.725	7.677
新填堤身黏土覆盖	28	7.164	0.364	0.972	0.076

表 7.4－19　　　　　　组合 1、组合 2 典型剖面 P08 渗流梯度分布比较

材料名称	编号	组合 1 局部最大梯度	组合 1 统计平均梯度	组合 2 局部最大梯度	组合 2 统计平均梯度
rQ（堤身）黏土	1	0.000	0.000	0.000	0.000
alQ_4黏土	4	7.141	0.116	0.917	0.035
alQ_4圆砾	12	0.003	0.001	0.003	0.001
C_1z灰岩、砂岩	21	2.587	0.091	1.679	0.059
防渗墙	24	16.925	16.103	11.012	9.926
新填堤身黏土覆盖	28	3.356	0.293	0.351	0.040

表 7.4－20　　　　　　组合 1、组合 2 典型剖面 P09 渗流梯度分布比较

材料名称	编号	组合 1 局部最大梯度	组合 1 统计平均梯度	组合 2 局部最大梯度	组合 2 统计平均梯度
rQ（堤身）黏土	1	0.000	0.000	0.000	0.000
alQ_4黏土	4	2.884	0.078	0.640	0.024
alQ_4圆砾	12	0.002	0.001	0.003	0.001
C_1z灰岩、砂岩	21	3.235	0.100	2.120	0.066
防渗墙	24	15.267	15.151	11.318	9.696
新填堤身黏土覆盖	28	1.620	0.377	0.377	0.073

7.5　同赣隔堤基础深槽部位防渗墙不同深度比较

关于同赣隔堤基础深槽部位的防渗墙深度比较，这里共进行了三组深度的计算分析比较：①防渗墙底高程－28.00m；②防渗墙底高程－23.00m，仅与深槽部位的下部的弱透水覆盖层衔接；③防渗墙底高程－20.00m，未完全拦截中强透水覆盖层，这三组情况下的计算分析水头边界条件是赣江水位49.30m。

现将 3 组合的渗流控制计算分析成果论述如下。

7.5.1　同赣隔堤基础深槽部位渗流场比较

为了直观地比较三组合条件下的深槽部位渗流场，将其渗流场进行对比，见图 7.5－1～图 7.5－3。从图 7.5－1～图 7.5－3 中三种情形下的渗流场比较知，当防渗墙底高程从－28.00m 抬高至－23.00m 时，同江防护区内的地下水位稍有升高，水位抬高值0.3～0.5m。在渗流场分布方面，也未发生质的改变。然而，当防渗墙底高程抬高至－20.00m时，由于防渗墙未完全拦截中强透水覆盖层，图 7.5－3 的渗流场充分显示出防渗墙下游侧水头分布的急剧变化。同赣隔堤内坡脚至同江防护区的 250m 范围，将引起地下水位的迅速升高，地下水位达 40.50～41.50m，地下水位相对于初拟控制的 40.00m 抬高值达1.0～1.5m。因此，防渗墙应封闭覆盖层的中强透水层至－23.00m 及以下。

7.5.2　同赣隔堤基础深槽部位渗流梯度比较

上述对三组合的渗流场比较表明，同赣隔堤基础深槽部位的防渗墙深度，仅就水头场

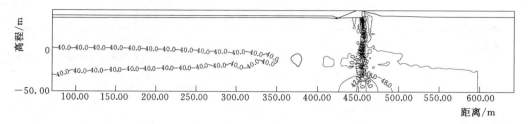

图 7.5－1　基础深槽部位剖面渗流场（防渗墙底高程－28.00m）

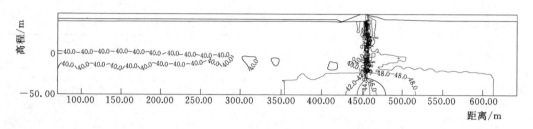

图 7.5－2　基础深槽部位剖面渗流场（防渗墙底高程－23.00m）

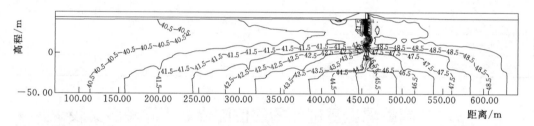

图 7.5－3　基础深槽部位剖面渗流场（防渗墙底高程－20.00m）

控制本身来说，墙底高程－28.00m 方案与墙底高程－23.00m 方案的控制结果尚无本质差别，堤脚至同江防护区内 200m 范围地下水位升高约 0.3～0.5m。对于同赣隔堤基础来说，对堤基介质的渗流梯度的关注将更显突出。为此，将组合 1、组合 3、组合 4 的渗流梯度汇总对比见表 7.5－1。表中渗流梯度比较显示，组合 1（防渗墙底高程－28.00m）与组合 3（防渗墙底高程－23.00m）的本质差距和影响主要是防渗墙插入的深部弱透水覆盖层 alQ_2 黏土层。由于组合 3 防渗墙插入该层的深度小，致使防渗墙端部弱透水覆盖层 alQ_2 黏土层的渗流梯度相对于组合 1 显著增大。平均渗流梯度由 0.067 上升至 0.141，而局部最大渗流梯度由 0.260 增大至 0.615。对于其他地层和渗透介质，因防渗体上下游侧的水头差减小，渗流梯度相应稍有降低。因此，从堤基渗透稳定安全出发，防渗墙深入弱透水层的深度以不小于 3～5m 为好。

7.5.3　同赣隔堤基础深槽部位防渗墙不同深度总渗流量比较

本阶段针对同赣隔堤共进行了 4 个组合的渗流控制计算分析研究，在进行渗流场、渗流梯度分析的基础上专门对堤基渗流量开展了计算分析。鉴于同赣隔堤轴线属于折线型，渗流量计算采用分段求和法。计算分析中针对同赣隔堤共划分 8 个区段，见图 7.5－4。经计算分析整理，将 4 个组合的堤基渗流量汇总于表 7.5－2。

表 7.5－1　　　　组合 1、组合 3、组合 4 典型剖面 P02 渗流梯度分布比较

材料名称	编号	组合 1 局部最大梯度	组合 1 统计平均梯度	组合 3 局部最大梯度	组合 3 统计平均梯度	组合 4 局部最大梯度	组合 4 统计平均梯度
rQ（堤身）砂壤土	3	0.204	0.001	0.204	0.001	0.224	0.008
alQ_4 壤土	5	0.399	0.030	0.398	0.030	0.439	0.036
alQ_4 粗砂	10	0.023	0.003	0.023	0.003	0.015	0.006
alQ_4 圆砾	12	0.015	0.003	0.015	0.003	0.009	0.006
$alQ_3^{(2)}$ 砾质土	13	1.739	0.113	1.330	0.096	0.532	0.040
alQ_2 黏土	14	0.260	0.067	0.615	0.141	0.444	0.183
alQ_2 圆砾	18	0.015	0.003	0.015	0.004	0.407	0.020
新填堤身黏土覆盖	28	4.527	0.300	4.527	0.300	4.348	0.322
防渗墙	31	16.778	15.840	15.404	14.471	11.856	5.086
alQ_2 砾砂	33	0.004	0.002	0.002	0.002	0.001	0.001

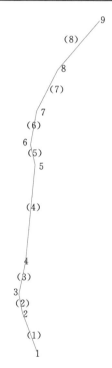

图 7.5－4　渗流量计算分区示意图

表 7.5－2　　　　　　　　各组合渗流量分区统计　　　　　　　　　单位：m³/d

组合编号	第 1 区	第 2 区	第 3 区	第 4 区	第 5 区	第 6 区	第 7 区	第 8 区	总流量
1	1358	1710	841	873	113	125	245	462	5727
2	889	1156	552	568	73	80	158	295	3771
3	1312	3039	758	874	113	125	245	462	6928
4	968	32886	221	879	113	125	245	461	35898

表7.5-2中同赣隔堤渗流量分析表明，在最高洪水位运行状况下，设计初拟布置的基础防渗方案（组合1）是可行的，其对应的堤基总渗流量约为5727m³/d，当防渗墙底高程抬高至−23.00m时，堤基渗流量增加至6928m³/d。显然，方案组合4是不可取的。

7.6 结　　论

通过对同赣隔堤三维渗流控制研究，获得以下主要成果与基本结论。

（1）详细分析研究了同赣隔堤的工程地质与水文地质条件，建立了同赣隔堤较细致的大型三维渗流有限元网格模型。计算模拟的区域范围达南北向约3500m，东西向约900m，共剖分单元51773个，网格节点总数52702个。

（2）针对赣江最高洪水位49.30m和设计洪水位46.00m的水位组合情况进行了渗流控制计算分析。高水位49.30m运行时，同赣隔堤的堤身堤基水头势均得到较好控制，堤身上游新填黏土，起着防渗斜墙的作用，其中的渗流水头势基本接近于赣江水位，水头势介于48.00～49.00m之间。但是，其下右侧壤土及砂壤土中的渗透压力迅速降低。同赣隔堤以内的同江防护区区域，在抽排控制水位40.00m时，防护区广大区域地下水位均能控制在40.00～40.50m以下。垂直防渗体发挥出显著效果。在垂直防渗体下游侧，以1+080附近的堤段内侧基础透水性大，地下水最易抽排，相应的渗透压力小些。

（3）在同赣隔堤内坡脚附近，尤其是存在塘、池的低洼堤段部位，将发生渗流出露区域，有可能成为隐患所在。建议在塘、池的低洼处用黏土覆盖，尤其避免粉细砂层露头。

（4）设计防渗墙布置方案条件下，经对堤基渗流量的计算分析，总渗流量约为5727m³/d。

（5）防渗墙初拟布置方案，各典型剖面的渗流梯度分布表明：①防渗墙的渗流梯度总体在12～16之间，满足抗渗稳定性要求；②防渗帷幕的渗流梯度总体平均小于6，局部最大达到9～13，主要出现在与防渗墙连接部位，该部位局部加宽是必要的；③新填覆盖黏土的渗流梯度局部达到6～7，主要出现在防渗墙顶部附近区域，在对防渗墙顶部构造作适当断面扩大，以增大与新填黏土的接触面积延长渗径，则抗渗稳定性也不难满足；新填黏土的平均渗流梯度为3～4。依一般黏土的抗渗性类比，也能够满足渗透稳定控制；④浅部覆盖层的渗流梯度分布显示，无黏土及砂壤土体的渗流梯度值普遍小于0.05，砾质土的渗流梯度多小于0.15，局部最大值为1.8～2.8。

（6）在赣江水位46.00m运行条件下，堤身新填黏土中的渗流水头势基本接近于赣江水位，水头势多为44.00～46.00m，但新填黏土下游侧的壤土及砂壤土堤身部分，水头势均在42.00～43.00m之间。垂直防渗体下游侧的地下水位分布，同样以1+080附近的堤段内侧基础透水性大，地下水最易抽排，相应的渗透压力小些。在同赣隔堤内坡脚附近，仍存在塘、池的低洼堤段部位的渗流出露区域，有可能成为隐患所在。经对堤基渗流量的计算分析，总渗流量约为3771m³/d，相对于最高洪水位状态，减少50%。

（7）针对同赣隔堤基础深槽部位的防渗墙深度进行了比较。当防渗墙底高程从−28.00m抬高至−23.00m时，同江防护区内的地下水位稍有升高，水位抬高值0.3～0.5m。当防渗墙底高程抬高至−20.00m时，由于防渗墙未完全拦截中强透水覆盖层，渗流场分布充分显示出防渗墙下游侧水头分布的急剧变化。同赣隔堤内坡脚至同江防护区的 250m 范围，将引起地下水位的迅速升高，地下水位达 40.50～41.50m，地下水位相对于控制的 40.00m 抬高值达 1.0～1.5m。因此，防渗墙应封闭覆盖层的中强透水层至 −23.00m及以下。

（8）经三维渗流有限元专门计算分析，各组合堤基渗流量为 3800～7000m³/d。

第8章 鱼道布置研究

8.1 工程对鱼类的影响及鱼类保护

峡江水利枢纽工程为赣江中游大型水利枢纽，工程建成后在产生巨大经济、社会效益的同时，也对水生态环境产生重大的影响。对鱼类而言，因觅食、繁殖、越冬等自然习性发生改变，导致鱼类洄游或其他活动延迟或终止。为保护鱼类资源、恢复河流生物多样性，需对峡江过鱼系统从工程对鱼类的影响、鱼类保护、工程布置方案、鱼道结构及设计参数确定、诱鱼系统、补水系统、监测系统、运行管理及过鱼效果等方面开展研究。

8.1.1 工程对鱼类的影响

河流上修筑水利工程影响了河流系统的能量流动、物质循环，阻隔鱼类洄游或其他活动，工程对鱼类的影响主要为阻隔效应、生境破碎化及栖息生境变化。

1. 阻隔效应

峡江水利枢纽对鱼类的影响主要为洄游通道的阻隔影响，这种阻隔效应对鱼类的影响分为以下两类：

（1）对于为完成生活史中重要过程、需要进行迁徙的洄游和江湖洄游鱼类，工程的建成及运行将使它们不能到达原来的重要栖息地去完成生活史，其生存和繁殖将受到影响，可能引起种群数量下降。

（2）对在局部水域内能完成生活史的种类，则可能影响不同水域群体之间的遗传交流，导致种群整体遗传多样性下降，鱼类的品质退化，对于一些珍稀濒危的鱼类则可能面临绝迹的风险；而且因工程的阻隔，限制了这些鱼类的活动区间，减少了其可利用的生境数量，长期阻隔造成的遗传多样性降低值得重视。

2. 生境破碎化

工程的修建，使原有连续的河流生态系统被分隔成不连续的环境单元，造成了生境的破碎，生境破碎化使河流定居型鱼类种群被分隔成相对孤立的、较小的异质种群。当生境因破碎化而萎缩时，其生物承载量减小，残留种群减小，稳定性降低，易受偶发环境因素的影响而剧烈变动，甚至局域灭绝。

3. 栖息生境变化

工程的建成将使库区的水位、河宽、流速等水文状况发生一定的改变，相应下游的水位、流量等也会有一定的变化，导致鱼类栖息环境发生变化。

8.1.2 鱼类保护

1. 鱼类保护措施分析

工程的建设对鱼类资源将会造成一定影响，根据《中华人民共和国水法》《中华人民共和国渔业法》等法律规定，在水生生物洄游通道的河流上修建永久性拦河闸坝，建设单位应同时修建过鱼设施或者经国务院授权的部门批准采取其他补救措施，主要措施包括：①修建过鱼设施；②开展人工繁殖放流；③加强生态环境监测；④加强渔政监督与监管。

根据《江西省峡江水利枢纽工程环境影响评价报告书》以及国家环境保护部对该环境影响评价报告书的批复意见，为缓解工程对鱼类资源造成的影响，工程必须建设过鱼设施。

过鱼设施指能够帮助受到阻隔的鱼类顺利上行或下行通过大坝或其他障碍物，到达其繁殖地、索饵场或越冬场等重要生活史场所的工程或技术手段。其主要型式包括：鱼道、仿自然通道、升鱼机、集运鱼设施和鱼闸等。其主要原理是，首先通过一定的诱鱼措施，将坝下或坝上的鱼类集中聚集起来，然后通过模拟自然的洄游通道或者人工将鱼输送过坝。在诱鱼设施有效、洄游通道或人工输鱼过程设置合理的情况下，鱼类可以在过鱼设施的帮助下顺利通过大坝。

国际上采用过鱼设施已经有300多年的历史，欧美以及日本等在建设大型水利水电工程时，针对其鱼类保护的对象和要求建设了大量的过鱼设施，在取得工程综合效益的同时也取得了良好的过鱼效果，有利于保持生态系统的平衡和物种多样化，例如美国著名的邦纳维尔坝鱼道、法国 Katopodis C & Rajaratnam N 鱼道、比利时丹尼尔型鱼道、加拿大赫尔斯门鱼道，这些鱼道运行良好，取得了良好的生态效益，每年都有数百万尾鱼通过鱼道返回上游产卵。我国已建设的一些鱼道也取得了较好的过鱼效果，可见修建过鱼设施能修复鱼类栖息环境。

2. 过鱼设施选定

过鱼设施是一个涉及水利、生态、生物、环境、地理、水文等众多学科的系统工程，一个成功的过鱼设施在取得良好的过鱼效果的同时，必然也取得了工程综合效益。过鱼设施主要为鱼道、仿自然通道、升鱼机、集运鱼设施和鱼闸等，见表8.1-1。

表8.1-1　　　　　　　　　　　　过鱼设施的主要类型

上行过鱼设施	下行过鱼设施	上行过鱼设施	下行过鱼设施
鱼道	物理阻拦引导	集运鱼设施	鱼泵
仿自然通道	行为阻拦引导	鱼闸	泄洪道
升鱼机	与表层栅栏或深层进水口结合的表层旁道	过鳗设施	机组过鱼

这些型式的过鱼设施都是为不同的工程、不同的过鱼种类所设计，具有不同的特点，过鱼设施的特点比较见表8.1-2。

升鱼机、集运鱼设施和鱼闸一般适合中、高水头大坝，峡江水利枢纽工程属低水头水利枢纽（最大水头13m），上述三种方案存在过鱼不连续、过鱼效果不稳定、操作复杂、运行费用高等，皆不适合本工程采用。仿自然通道主要应用于低水头水利工程，且适应水位变化能力较差，本工程下游水位变化范围大，且工程右岸地形限制，仿自然通道由于坡度缓、通道宽，布置难度极大，不适合本工程使用。鱼道在中低水头水利工程都有广泛的应用，能够在较短的距离内达到稳定且满足鱼类需求的流速和流态，所以在本工程宜采用鱼道形式为过鱼设施。

表 8.1－2　　　　　　　　　　　过鱼设施优缺点比较

方案	优点	缺点
鱼道	消能效果好； 结构稳定； 占地小； 连续过鱼	设计难度较大； 不易改造
仿自然通道	适应生态恢复原则； 鱼类较易适应； 连续过鱼； 易于改造	消能效果差； 结构不稳定； 适应水位变动能力差； 占地较大
升鱼机	适合高水头工程	不易集鱼； 操作复杂； 运行费用较高
鱼闸	适合高水头工程	操作复杂； 运行费用较高
集运鱼设施	适合高水头工程	操作复杂； 运行费用较高

8.2　鱼道设计参数及结构确定

鱼道设计参数主要包括鱼道设计水位、设计流速、进出口位置及高程，根据选定的设计参数及地形情况，确定鱼道结构型式。

8.2.1　鱼道设计参数

1. 设计水位

鱼道上、下游的运行水位直接影响鱼道在过鱼季节中是否有适宜的过鱼条件，鱼道上、下游的水位变幅也会影响鱼道出口和进口的水面衔接和池室水流条件。如果运行水位设计不合理，可能造成到达鱼道出口处的鱼无法进入上游河道，也可能造成下游进口附近的鱼无法进入过鱼设施。鱼道运行水位包括进口水位和出口水位。

鱼道进口水位原则是：在过鱼季节，鱼道进口需要保证具有一定的水深，且水深不可过大，否则在鱼道的进口段流速大大减缓，进口诱鱼效果变差。本工程的下游水位直接受下泄流量的影响，满发流量对应的下游水位为 36.61m，2 台机组运行时对应的下游水位为 33.00m，坝下水位一般情况下维持在 33.00～36.61m，因此鱼道进口运行水位取 33.00～36.61m。

鱼道出口水位设计原则是：在过鱼季节，需要保证一定的水深，以保证鱼道运行时流量基本稳定。上游运行水位上限选择各种运行情况下上游可能出现的最高水位，下限选择上游可能出现的最低水位。本工程正常蓄水位为 46.00m，水库预泄消落水位为 44.00m。因此，鱼道出口运行水位为 44.00～46.00m。

2. 设计流速

鱼道设计流速是鱼道设计成败的关键环节之一，通常是由过鱼对象的克流能力决定。

鱼道内流速的设计原则是：过鱼设施内流速小于鱼类的巡游速度，这样鱼类可以保持在过鱼设施中前进；过鱼断面流速小于鱼类的突进速度，这样鱼类才能够通过过鱼设施中的孔或缝。

过鱼设施内部的设计流速是由过鱼对象的克流能力决定，鱼类的克流能力一般用鱼在一定时间段内可以克服某种水流的流速大小来表示，分为巡游速度（cruising speed）和突进速度（bust speed）。本工程主要过鱼对象为青鱼、草鱼、鲢鱼、鳙鱼及赤眼鳟及鳡鱼，因此过鱼设施内部设计流速可以参考四大家鱼的临界流速（持续速度上限值）确定。四大家鱼的喜爱流速为 0.3~0.5m/s，除去试验鱼体力原因，极限流速在 1.0m/s 以上。

本工程鱼道隔板过鱼孔设计流速为 0.7~1.2m/s，这样的流速可以满足四大家鱼的上溯需求，通过在鱼道底部适当加糙，降低底部流速至 0.7~1.1m/s，可以使其适应一些体形较小或游泳能力相对较弱的鱼类通过。

3. 鱼道进、出口位置及高程

（1）鱼道进口。

1）洄游性和半洄游性鱼类的洄游路线和集群区域一般遵循以下规律：

a. 上溯过程中，当鱼所处的洄游线路流速过大而不能顶流继续前进时，它们会选择附近流速相对较缓的水域上溯，大多在河道主流两侧适宜的流速区中，或在河道岸沿边岸线。

b. 洄游中，鱼类会避开紊动、水跃和漩涡等区域。

c. 洄游中，鱼类会避开油污及有污染的水域，而选择水质较好的区域。

d. 幼鱼一般有选择向阳、避风和沿岸边前进的习性。

2）根据鱼类坝下洄游规律，鱼道进口一般选择在以下区域：

a. 经常有水流下泄的地方，紧靠在主流的两侧。

b. 位于闸坝下游鱼类能上溯到的最上游处（流速屏障或上行界限）及其两侧。

c. 水流平稳顺直，水质较好的区域。

d. 闸坝下游两侧岸坡处。

e. 能适应下游水位的涨落，保证在过鱼季节中进鱼口有一定的水深（1.0m 以上）的地方。

根据本工程特点，利用厂房尾水诱集鱼类，鱼道进口布置在电站厂房尾水渠右侧，鱼道进口后上方有部分被遮盖，可能对鱼类通过存在一定影响，因此，需设置诱鱼灯。

鱼道进口运行水位为 33.00~36.61m，期间有 3.61m 的水位变幅，水位变幅大，需设两个鱼道进口，分为高水位进口和低水位进口，在不同下游水位情况下开启相应的进口，以保证鱼道进口的水流和流速，满足进鱼需要。鱼道进口运行最低水位为 33.00m，考虑 1.0m 以上的水深要求，鱼道进口底高程取 31.46m。

（2）鱼道出口。鱼道出口的位置有以下要求：

1）能适应上游水位的变动，在过鱼季节，当坝上水位变化时，能保证鱼道出口有足够的水深，且与水库水面很好的衔接。

2）出口应傍岸，出口外水流应平顺，流向明确，没有漩涡，以便鱼类能够沿着水流和岸边线顺利上溯。

3）出口应远离水质有污染及对鱼类有干扰和恐吓的区域。

4）考虑上游鱼类下行的要求，出口迎着上游水流方向，便于鱼类进入鱼道。

根据上述布置原则，鱼道出口应布置在距电站有一定距离的地方，距离太近，鱼类容易被发电时的水流卷入水轮机，无法存活；距离太远，鱼类感受不到水流，容易迷失方向。根据流速测算，在挡水坝上游约340m岸边处，电站产生影响小，同时具有一定流速，选择此处为鱼道出口较为合适。

鱼道出口底板应与河床平缓衔接，须适应上游水位的变化，保证在运行期的水位变化情况下，具有一定的水深。本工程上游最高运行水位为46.00m，最低运行水位为44.00m，满足最高水位运行要求；出口底高程取43.00m，满足最低运行水位要求，需设一个副出口，底高程取42.12m。

8.2.2　鱼道结构

1. 鱼道结构型式选定

鱼道从结构型式分为槽式鱼和池式鱼道。其中槽式鱼道又分为简单槽式、旦尼尔式和横隔板式三种。横隔板式鱼道按照隔板过鱼孔的形状及位置，分为溢流堰式、淹没孔口式、竖缝式和组合式四种类型。池式鱼道是由一连串连接上下游的水池组成，用短渠或堰连接，很接近天然河道情况，需有合适地形；简单槽式鱼道是较早的鱼道形式，类似于水渠，有直线形、弯曲形等，鱼道流速较大，适用于游泳能力较强的洄游鱼类，现很少采用；旦尼尔式鱼道是在水槽中设有间距甚密的、位于槽边和槽底的阻板和底坎，水流通过时形成反向水；横隔板式鱼道是利用隔板将水位差分级，由一级一级的水池组成，通过水池内的隔板起到消能减缓流速的目的。上述鱼道都有各自的优缺点，分别适应不同的鱼类、工程以及水文特征。表8.2-1为目前常用4种鱼道的优缺点比较。

表8.2-1　　　　　　　　　各种鱼道型式优缺点比较

型　式	优　　点	缺　　点	备　　注
池式鱼道	接近天然鱼道，有利益鱼类通过	占地大，土石方工程量大	适合水头差较小
丹尼尔式	消能效果好，鱼道体积较小；鱼类可在任何水深中通过且途径不弯曲；表层流速大，有利于鱼道进口诱鱼	鱼道内水流紊动剧烈，气体饱和度高；鱼道尺寸小，过鱼量少	适合水头差较小和较小的河流以及游泳能力较强的鱼类
溢流堰式	消能效果好；鱼道内紊流不明显	不适应上下游水位变幅较大的地方；易淤积	适合翻越障碍能力较强的鱼类（如鳟鱼、鲑鱼）
垂直竖缝式	消能效果较好；表层、底层鱼类都可适应；适应水位变幅较大；不易淤积	鱼道下泄流量较小时，诱鱼能力不强（需要补水系统）	应用范围较广

因场地限制，池式鱼道不适合峡江水利枢纽工程。丹尼尔式鱼道水流条件差，适合过鱼量少；溢流堰式鱼道不适合上下游水位变幅大；垂直竖缝式鱼道能够适应上下游水位的变化，而且表层鱼类和底层鱼类都可以适应垂直竖缝式鱼道，更利于上下游各种鱼类的交流，为目前鱼道普遍采用型式。本工程采用垂直竖缝式鱼道。

2. 鱼池室尺寸

（1）池室宽度。鱼道宽度主要由过鱼量和过鱼对象个体大小决定的，过鱼量越大，鱼道宽度要求越大。国外鱼道宽度多为 2～5m，国内鱼道宽度多为 2～4m。结合本工程的主要过鱼目标，鱼道宽度取 3m 可满足过鱼需要。

（2）池室长度。池室长度与水流的消能效果和鱼类的休息条件关系密切。较长的池室，水流条件较好，休息水域较大，对于过鱼有利。同时，过鱼对象个体越大，池室长度也应越大。池室长度 ΔL 是过坝鱼类平均长度的 3 倍以上，一般取池室宽度的 1.0～1.5 倍，本鱼道池室长度取 3.6m，满足主要过鱼目标的通过要求。

（3）竖缝宽度。池室内的竖缝宽度直接关系到鱼道的消能效果和鱼类的可通过性，一般要求竖缝式鱼道的竖缝宽度不小于过鱼对象体长的 1/2，国外同侧竖缝式鱼道一般宽度为池室宽度的 1/8～1/10，而我国同侧竖缝的宽度一般为池室宽度的 1/5，为水池长度的 1/5～1/6。本工程竖缝宽度为 0.5m，本工程过鱼目标主要为鲤科鱼类，主要过鱼目标均可以顺利通过。

（4）鱼道坡度。鱼道的坡度和鱼道中的流速有密切关系，根据鱼类的游泳能力分析，本鱼道坡度设计为 1/60，可以满足主要过鱼目标的上溯通过要求。

（5）池室深度。鱼道水深主要视过鱼对象习性而定，底层鱼和体型较大的成鱼相应要求水深较深。国内外鱼道深度一般为 1.0～3.0m，本工程下游水位变化幅度较大，鱼道出口最高运行水位为 46.00m，出口底板高程为 43.00m，为了使上游水位不超出鱼道顶部，确保鱼类从鱼道出口游出至上游河道，本鱼道深度设计为 3.5m，正常运行水深设计为 3.0m。

峡江水利枢纽鱼道池室结构见图 8.2-1，鱼道池室结构参数见表 8.2-2。

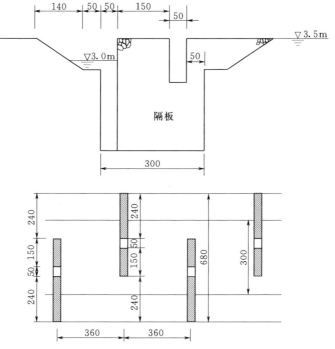

图 8.2-1 峡江水利枢纽鱼道池室结构（单位：mm）

表 8.2 - 2   鱼道池室结构参数一览表

分类	项目	指标	备注
	隔板样式	垂直隔板式	
	池室长度/m	3.60	有效尺度
	池室宽度/m	3.00	有效尺度
池室结构	池室深度/m	3.50	有效尺度
	运行水深/m	3.00	
	池间落差/m	0.06	
	休息池长度/m	7.20	有效尺度

8.3 集诱鱼系统、补水系统和监测系统

8.3.1 集诱鱼系统

为了使鱼类能进入鱼道，需设置一套完整的诱鱼系统。峡江水利枢纽具有发电功能特点，鱼道适宜采用电站发电尾水诱鱼，根据鱼类习性，设置正向、侧向两套进鱼系统，分别为厂房尾水集鱼和河岸式进鱼系统。集鱼槽、进鱼口的流速是诱鱼的关键因素，要获得较好的诱鱼流速，需采取相应的工程措施，厂房尾水进鱼系统需设置进鱼口、集鱼槽、补水槽、出水孔和消能室等设施，该套系统布置于尾水平台正下游，其工作原理见图 8.3 - 1 和图 8.3 - 2；对河岸式进鱼系统，需在下游进口闸外侧墙设进鱼口，与岸线成 45°，便于喜好在岸边活动的鱼类。厂房尾水集鱼系统和河岸式进鱼系统汇合于进口闸，进口闸设主、副鱼道口，主鱼道进口底高程为 31.46m，与主鱼道相对应；副鱼道进口底高程为 33.50m，与副鱼道相对应。

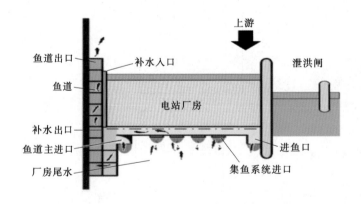

图 8.3 - 1   进口诱鱼集鱼系统示意图及工作原理

1. 厂房尾水集鱼系统

厂房尾水集鱼系统呈长廊道式横跨厂房尾水前沿，由补水槽与集鱼槽两大部分组成，宽度分别为 100cm 和 200cm，长度均为 210m，主要由补水槽、出水孔、消能室、集鱼槽

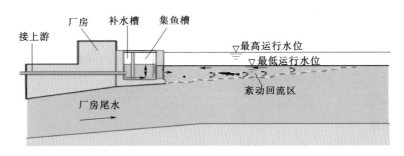

图 8.3-2　进口诱鱼集鱼系统示意图及工作原理（剖面）

和进鱼口等设施组成。

补水槽主要作用为过鱼设施进口增加流量以提高诱鱼能力；在过鱼设施进口形成喷射水流，以水声诱鱼。补水方式主要在补水槽与集鱼槽之间的立板底部及板面开孔为集鱼槽补水，底部补水孔宽为 3.0m，高为 0.3m，共设 33 个；立板上的补水孔位于消能格栅上部，孔径为 5cm，间距为 20cm，呈梅花形布置，在平面方向左侧呈 45°。消能室（池）位于集鱼槽底部，消能室将来自补水槽底部的水流消能扩散后，以较低的流速缓缓溢入输鱼槽内，以防止输鱼槽内水面波动和干扰鱼类前进。从消能室流入输鱼槽中的流速，不宜被鱼类发觉，否则鱼类可能停留在出水格栅处，消能室流速小于 0.15m/s，出水格栅流速约为 0.07m/s。

进鱼口为集鱼槽下游面侧壁上开多个方形孔口，均匀分布在各机组段，孔底部设在不同高程，用以满足不同下游水位变化时的进鱼要求。根据进鱼口出水流速控制在 0.7～1.2m/s，单个进鱼口可设计为高 1.5m、宽 0.5m，共设 10 个。集鱼槽把进入各辅助进口的鱼汇集起来，在槽内水流的引导下，将鱼引导至位于集鱼系统旁的进口池中，从而进入鱼道上溯。集鱼槽中保持一定的横向流速，用以吸引鱼类游向汇合池，横向流速应控制在 0.4～0.5m/s，这样的流速能给鱼类以方向引导的作用，根据流速要求，输鱼槽宽度取 2m。

2. 河岸式进鱼系统

河岸式进鱼系统位于下游进水闸外侧，进鱼孔口宽为 1.0m，高为 3.5m，利用补水涵加大流量与流速，使进口出水流速控制在 0.7～1.2m/s，提高诱鱼能力。

8.3.2　补水系统

洄游性鱼类对局部的水流、水花、溅水声较敏感，有一定的趋向性，在过鱼设施的进口设置辅助供水系统，该供水系统喷出的水柱溅落时，在过鱼设施的进口和出口处形成水流、水花、溅水声，有利于吸引鱼类，提高过鱼效果。

竖缝式鱼道自身下泄水量远不能满足集鱼系统的用水需求，需要自上游水库补水，补水系统为过鱼设施下端补充用水提供水源、控制及补给，此外还有以下用途：

（1）在过鱼设施进口增加流量以提高诱鱼能力。

（2）在过鱼设施进口形成喷射水流，以水声诱鱼。

（3）维持输鱼槽内的预期流量及流速。

（4）调节过鱼设施内流量，控制过鱼设施内流速分布。

根据峡江水利枢纽布置特点，鱼道补水系统为钢管涵，位于安装间左侧靠近厂房处，在进水口设置补水涵控制闸门，闸孔口尺寸为 150cm×150cm 方形，闸后接钢管，前段为 1 根 142cm 钢管，后段钢管调整为 2 根，1 根为 ϕ102cm 钢管，与补水槽相接，为厂房尾水集鱼系统补水；另 1 根为 ϕ72cm 钢管，与下游进水闸相接，为河岸式进鱼口补水。钢管设闸阀控制流量。

8.3.3　监测系统

鱼道监测包括鱼道水力学条件监测和鱼类监测，主要由水位计、螺旋流速、水下摄像机、红外检测计数系统、测量控制单元、光缆、电缆或数据线、分析软件等系统组成，鱼类监测数据由光缆分别传至观测室、中控室；鱼道水力学数据由光缆传至中控室。

1. 鱼道监测布置

为了监测过鱼设施水位及流速，在鱼道 2 个进口、出口及会合池、池室（含休息池）段分别设置 1 套水位计和 1 套旋桨流速仪。根据鱼类监测需求，在鱼道 2 个进口、出口、进口及会合池分别设置一套水下摄像机和补光灯设备，共 4 套（8 台，每套 2 台）水下摄像系统，定性观测鱼类进出状况。为了更好地进行鱼类计数，鱼道设 2 套红外检测计数系统，分别布置于主、副鱼道汇合池处。红外检测计数系统设备技术特性参数见表 8.3 - 1。

表 8.3 - 1　　　　　　　　　　鱼道观测设备技术特性参数表

序号	项目名称	单位	参　　　数
1	扫描单元		
(1)	功率	mAV	1700mA@14.8V
(2)	最小能扫描鱼的宽度	cm	4cm
(3)	尺寸	mm×mm×mm	≥540×400×600
(4)	扫描单元间距	cm	10～55
(5)	重量	kg	10
(6)	材质		ABS 塑料面板和 cassette 磁框架
2	控制和显示单元		
(1)	嵌入 PC 一台		Windows 系统
(2)	系统控制、供电和通信接口		铝合金材质
3	过鱼摄像通道	m×m×m	316 不锈钢 160×165×63
4	分析软件		
(1)	计数精度	%	>98
(2)	测量尺寸精度	%	>90
(3)	PC 数据库		使用 Windows 操作系统，PC 功率为 25～30W
(4)	获取数据		鱼的尺寸，时间，游速，轮廓图，水温
(5)	软件可识别		通过轮廓图和高清数码图片或视频识别物种（手动）等
5	水下相机系统（含补偿光源两套）		
(1)	分辨率		HDTV 1080P
(2)	工作环境		防水等级 IP66，可防尘、防雨雪及防日晒，水下工作

序号	项 目 名 称	单位	参 数
（3）	电源接口		以太网供电
（4）	工作温度		不结冰环境
6	复用设备（为水下各个组件供电）		
7	鱼栅（配合鱼道观测系统在鱼道上安装）		不锈钢

鱼道设置 3 台测量控制单元，分别接收鱼道进口、出口及观测室（汇合池）处设备所监测到的数据，在测量控制单元汇合，鱼类方面数据先传至观察室，再由观察室传至中控室，采用软件进行分析；水力学方面数据直接传至中控室。

2. 观察室

为了统计成功上溯的鱼类种类和数量，评估过鱼设施的过鱼效果，以便将来改进过鱼设施的结构，改善过鱼效果，同时还兼具宣传和演示功能，在主、副鱼道汇合处设置鱼道观察室，观察室布置于会合池中间，分地上、地下两层，下层可以人工观摩主、副鱼道鱼类的洄游情况；上层为参观陈列室，游客可通过投影电视现场观看到鱼道中鱼类的洄游情况，四周墙壁上可陈列主要洄游鱼类的情况介绍。观察室单层面积约为 $40m^2$。

观察室底层不设亮窗，用绿色或蓝色防水灯来照明，观察室侧壁上各设有两个玻璃观察窗，用来观察鱼类的洄游情况，观察窗材质为亚克力，但需贴一层半透明膜，使观察者能够看到过鱼设施中的鱼类，而鱼类看不到观察窗外的人，观察室尽量减少人工照明，不宜用大窗采光，鱼道内用可调节的水下照明工具，光源颜色尽量选择为绿色和蓝色，且光强不能太强，以免鱼类受到惊吓和干扰。

观察室观测设备主要采用红外扫描技术和高分辨率相机组成的监测系统，系统具有可视化强、可以实现视频的远程实时传输等特点，适合日常监测和长期数据存储。监测系统由扫描单元、控制单元、摄像系统及摄像管道组成。

8.4 鱼 道 布 置

根据上述鱼道技术参数选定，鱼道布置于峡江水利枢纽右岸场地，进口位于电站厂房尾水渠右侧，紧靠尾水，出口位于距挡水坝上游约 340m 岸边处，由上游鱼道（出口段）、坝体过鱼孔口、下游主、副鱼道（进口段）、集鱼系统及连接段组成。主、副鱼道上端会合于汇合池，下端会合于下游进水闸。

上游鱼道由上游出口检修闸、池室、休息池、鱼道副出口 1 及副出口 2、上游鱼道防洪闸组成，长为 573.133m。上游鱼道顶高程为 46.50m，底板高程为 43.00～35.66m。鱼道出口设检修闸，鱼道副出口 1 及副出口 2 设一道工作闸门，均采用螺杆启闭机启闭。在上游鱼道与挡水坝之间设上游鱼道防洪闸，采用液压启闭机启闭。

下游鱼道由鱼道下游进口闸、主副鱼道（池室、休息池）、鱼道汇合池及观察室组成，主、副鱼道上端会合于汇合池，下端会合于下游进口闸，会合池设有观察室。主鱼道下游长 317.746m，副鱼道长 65.063m，鱼道纵坡为 1/60，宽为 3.0m，为横隔板式鱼道，隔板上设宽为 0.5m 的过鱼竖缝。鱼道过鱼池室大部分为开敞式，下游鱼道局部因交通要求采用钢筋混凝土暗涵结构，暗涵顶部设采光孔或诱鱼灯。鱼道下游进口闸长为 12.5m，分别设有进鱼孔及主、副鱼道进口。进鱼孔孔口尺寸（宽×高）为 1m×3.5m，底板高程为 31.46m；主鱼进口孔口尺寸（宽×高）为 2m×3.5m，底板高程为 31.46m；副鱼进口孔口尺寸（宽×高）为 1m×3.5m，底板高程为 33.5m；设有两道防洪工作闸门和两道检修闸门。防洪工作闸门采用液压启闭机启闭，检修闸门采用电动葫芦启闭。

8.5　运行管理及过鱼效果

8.5.1　运行管理

1. 鱼道工作闸门

每年的 4—7 月共 4 个月为过鱼季节，鱼道运行。在过鱼季节，水库水位维持在 44.00～46.00m 运行，电站发电时，鱼道开启运行。当泄水闸敞泄，电站停止发电时，鱼道停止运行。当鱼道开启运行时，需同时开启鱼道诱鱼补水系统，以便鱼进入集鱼槽上溯。

本工程鱼道适宜运行水位：上游出口设计水位为 46.00（最高运行水位）～44.00m（预泄消落），下游进口设计水位为 36.61（机组全开）～33.00m（开两台机）。鱼道隔板过鱼孔设计流速设计为 0.7～1.2m/s。

峡江鱼道的主要过鱼季节为每年 4—7 月。因此，在此季节对鱼道进行运行控制比较频繁。运行方式主要有以下两种方式：

（1）正常运行。在上游水位高于下游水位，且下游运行水位在鱼道 1 号、2 号进口设计水位范围内时，上下游挡洪闸及进出口闸门全开，利用上下游水头差形成鱼道的过鱼流速。

（2）控制运行。在下游水位较低的时候（主要在春季），下游的过鱼孔过水断面比上游的小；在下游水位下降时，鱼道水面线来不及调整，出现严重的局部跌落现象，导致进口段隔板过鱼孔的流速比上游大得多，直接影响幼鱼的上溯，因此需要采取控制运行的方式。控制运行时，将鱼道下游进口闸门保留一定开度，鱼道出口闸门全开，鱼道内水位逐渐升高，流速减小，使鱼道出口处平均流速为 0.1～0.3m/s，已进入鱼道的鱼类即可顺利上溯。

在进行控制运行之前，应先正常运行一定时间后，让鱼进入鱼道，然后进行控制运行，让这些鱼尽快通过鱼道。

鱼道运行初始时，下游防洪闸门先开启，下游鱼道进水至下游水位，随后上游防洪闸门（工作闸门）慢慢开启，采用较小开度，控制闸孔流量不超过下游鱼道最高正常水深（3.0m）对应流量，当上、下游鱼道达到对应上下游水位的正常水深时，闸门可继续慢慢开启至全开。

鱼道下游进口水位较低时（34.46～33.00m 期间），下游鱼道采用主鱼道运行；下游进口水位较高时（36.61～34.46m 期间），下游鱼道采用副鱼道运行。

当下游水位超过 38.25m 时，鱼道下游防洪闸门应关闭，鱼道停止运行。

鱼道防洪闸门（工作闸门）孔口不同水位及开度过流曲线表见表 8.5-1。

表 8.5－1　　鱼道防洪闸门（工作闸门）孔口不同水位及开度过流曲线表

闸前水位 H/m	开度 e/m	e/H	$Q/(m^3 \cdot s^{-1})$
42	0.1	0.0158	0.22
	0.2	0.0315	0.87
	0.3	0.0473	1.93
	0.4	0.0631	3.41
	0.5	0.0789	5.29
	1	0.1577	16.24
	1.5	0.2366	27.94
	2	0.3155	36.43
	2.5	0.3943	44.32
	3	0.4732	52.11
	3.5	0.5521	59.12
44	0.1	0.0120	0.21
	0.2	0.0240	0.83
	0.3	0.0360	1.87
	0.4	0.0480	3.31
	0.5	0.0600	5.20
	1	0.1199	19.29
	1.5	0.1799	32.59
	2	0.2398	42.69
	2.5	0.2998	52.43
	3	0.3597	61.87
	3.5	0.4197	70.69
46	0.1	0.0097	0.20
	0.2	0.0193	0.79
	0.3	0.0290	1.78
	0.4	0.0387	3.16
	0.5	0.0484	5.02
	1	0.0967	21.95
	1.5	0.1451	36.66
	2	0.1934	48.20
	2.5	0.2418	59.38
	3	0.2901	70.26
	3.5	0.3385	80.94

2. 鱼道补水涵

鱼道补水涵布置在右岸挡水坝段，其中心线桩号为坝纵 0＋758.3，由进水口、坝内补水涵管、补水钢管等组成。鱼道补水涵由进水口从上游水库引水,通过补水涵管及钢管,分别对集鱼系统及下游进口闸进行诱鱼补水,以满足主要过鱼种类的上溯需求。进水口设有拦污栅、检修闸门及启闭设备。进水口后接内径为 1400mm 的坝内补水涵管及补水钢管(总管),总管后设有内径为 1000mm 及 700mm 的两根补水支钢管,两根支管上均设有电动流量调节阀和球阀进行控制。

(1)过鱼季节。4—7 月底是本工程的最主要过鱼季节,其他季节也兼顾过鱼需要。当泄水闸开闸泄水,下游水位较高时,鱼道可关闭,由泄水闸过鱼。

(2)运行水位。本工程鱼道出口(上游)设计水位为 46.00(最高运行水位)～44.00m(预泄消落),鱼道进口(下游)设计水位为 36.61(机组全开)～33.00m(开两台机),最大设计水位差为 13m。

(3)补水流量。补水涵总设计流量为 1.0m³/s,大、小支管设计流量分别为 0.7m³/s 及 0.3m³/s。

(4)补水涵运行。在过鱼时,集鱼系统补水槽及下游进口闸的补水流量通过电动流量调节阀按设计流量进行控制。

(5)检修。当鱼道补水涵需检修时,关闭上游检修闸门及下游球阀。

8.5.2　过鱼效果

鱼道监测系统于 2016 年 9 月投入运行,自 9 月 10 日至 10 月 23 日,监测到的过鱼种类主要包含鳜、大眼鳜、银鲴、鳊鱼、黄颡鱼等 13 种鱼。鱼道游入游出鱼数共计 55090尾,其中 9 月总计 40298 尾,10 月共计 14792 尾,按日计算,每日过鱼数量为 1252 尾。游出数量 32115 尾:小鱼(鱼长 20cm 以下)15217 尾,中鱼(鱼长 20～50cm)15649尾,大鱼(鱼长 50cm 以上)1249 尾;游入鱼数共计 22975 尾:小鱼 12616 尾,中鱼 9733尾,大鱼 626 尾。鱼道过鱼数量基数比较大,过鱼效果比较好。

过鱼效果表明,峡江鱼道监测系统国内先进,设计先进合理,通过鱼道生命通道将工程建设对鱼类资源的不利影响程度降至最低。

参 考 文 献

［1］ 潘家铮. 重力坝设计 ［M］. 北京：水利电力出版社，1987.

［2］ 周建平，钮新强，贾金生，等. 重力坝设计二十年 ［M］. 北京：中国水利水电出版社，2008.

［3］ 雷长海，曾令华，职承杰，等. 亭子口重力坝深层抗滑稳定分析及基础处理 ［J］. 人民长江，2009，40（23）：23 - 24.

［4］ 胡进华，黄红飞，刘玉. 重力坝深层抗滑稳定分析研究 ［J］. 人民长江，2009，40（23）：18 - 19.

［5］ SL 191—2008 水工混凝土结构设计规范 ［S］.

［6］ SL 386—2007 水利水电工程边坡设计规范 ［S］.

［7］ 曹其光，苏怀智，王帅，等. 重力坝深层抗滑稳定计算中各参数的敏感性分析 ［J］. 水电能源科学，2011，29（5）：63 - 65.

［8］ 王兴勇，郭军. 国内外鱼道研究与建设 ［J］. 中国水利水电科学研究学报，2005，3（3）：222 - 228.

［9］ 王桂华，夏自强，吴瑶，鱼道规划设计与建设的生态学方法研究 ［J］. 水利与建筑工程学报，2007，5（4）：7 - 12.

［10］ 郑金秀，韩德举，胡望斌. 与鱼道设计相关的鱼类游泳行为研究 ［J］. 水利生态杂志，2010，3（5）：104 - 110.

［11］ 孙双科，张国强. 环境友好的近自然型鱼道 ［J］. 中国水利水电科学研究学报，2012，10（1）：41 - 47.

［12］ 王徘，杨文俊，陈辉. 生态水工建筑物——鱼道的建设及研究进展 ［J］. 人民长江，2013，44（9）：88 - 92.